盈建科 YJK 混凝土结构设计与实例解析

刘建文　鲁钟富　庄　伟　编著

中国建筑工业出版社

图书在版编目（CIP）数据

盈建科YJK混凝土结构设计与实例解析/刘建文，
鲁钟富，庄伟编著. —北京：中国建筑工业出版社，
2019.11（2024.7重印）
ISBN 978-7-112-24403-4

Ⅰ．①盈… Ⅱ．①刘… ②鲁… ③庄… Ⅲ．①混
凝土结构-结构设计-教材 Ⅳ．①TU370.4

中国版本图书馆CIP数据核字（2019）第245827号

本书基于作者多年来的工作经验和总结，介绍使用盈建科YJK进行混凝土结构设计流程、实例解析及注意事项，是非常实用的软件入门指导书。全书共分六章，主要内容包括：绪论；混凝土结构布置实例解析；地下室顶板实例解析；地下室底板抗浮设计实例解析；基础设计实例解析；装配式混凝土结构设计解析。本书可作为常规多高层结构设计的参考资料，也可作为结构专业设计人员的培训教材。

责任编辑：郭　栋　辛海丽
责任校对：张惠雯

盈建科YJK混凝土结构设计与实例解析
刘建文　鲁钟富　庄　伟　编著

*

中国建筑工业出版社出版、发行（北京海淀三里河路9号）
各地新华书店、建筑书店经销
霸州市顺浩图文科技发展有限公司制版
建工社（河北）印刷有限公司印刷

*

开本：787×1092毫米　1/16　印张：11　字数：270千字
2020年1月第一版　2024年7月第三次印刷
定价：**39.00**元
ISBN 978-7-112-24403-4
（34913）

前　　言

中国是全球最大的建筑市场，以混凝土结构为主，而盈建科软件是国内目前最好的设计软件之一。本书解决的问题是让刚毕业的学生或刚参加工作的结构设计师了解基本的设计概念，能进行基本的识图、荷载估算、盈建科 YJK 软件操作、阅读地质勘察报告，能对上部构件、地下室顶板及基础进行合理的方案选型与设计，能进行简单的超限分析，及常规结构施工图的绘制，总的思路是把理论、规范、软件应用和工程实践有机结合起来，指导初学者尽快进入结构设计师的行列，而不仅仅是一名结构专业的学生或是没有设计概念的结构设计人员，学会操作的同时，更明白其中的道理和有关要求。

本书分为六章，分别为第 1 章绪论、第 2 章混凝土结构布置实例解析、第 3 章地下室顶板实例解析、第 4 章地下室底板抗浮设计实例解析、第 5 章基础设计实例解析、第 6 章装配式混凝土结构设计解析。

本书的主要内容来源于作者对近年来完成的结构工程的总结。本书可作为常规多高层结构设计的参考资料，也可作为结构专业设计人员的培训教材。

目　　录

1 绪 论

1.1 盈建科 YJK 使用方法及抗震"计算"流程

1.1.1 盈建科 YJK 使用方法

盈建科 YJK 软件操作流程如图 1.1-1 所示。实际设计过程中，还有很多软件操作的技巧。比如建模时，用"窗口"布置；当截面尺寸类型比较多时，用"定义刷"命令去快速地布置某个截面尺寸；建模时，先在 CAD 中画好梁柱平面布置图，然后在盈建科中点击"导入 DWG"完成初步建模；布置桩承台时，点击"导入 DWG"完成桩承台布置；建模时，使用"趁图"功能去布置荷载，比如隔墙荷载、地下室顶板消防车道及扑救场地的荷载。

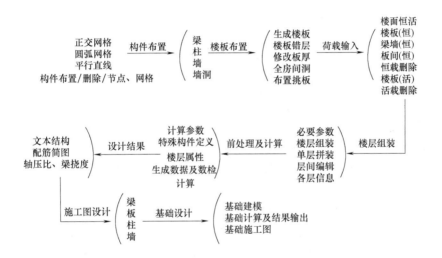

图 1.1-1 盈建科软件操作流程

盈建科模型完成后，填写相关的参数计算，然后查看各种计算指标，根据指标修正结构布置，最后根据配筋结果配钢筋，绘制施工图。

1.1.2 盈建科 YJK 抗震计算流程

盈建科软件抗震计算流程如图 1.1-2 所示。

恒活风地震 → 刚度计算及分配 结构力学等 → 轴力 弯 剪 扭 → 荷载组合 → 轴力 弯 剪 扭 抗震等级 强柱弱梁 强剪弱弯 关键部位特殊构件的系数调整 构件之间的平衡 → 轴力 弯 剪 扭 $S \leqslant R/\gamma_{RE}$ 配筋

图 1.1-2 盈建科软件抗震"计算"流程

1.2 盈建科 YJK 抗震计算流程的一些重要概念

1.2.1 结构基本周期

结构基本周期见《抗规》5.1.5 条，能影响到地震影响系数（图 1.2-1），结构计算采用振型分解反应谱法时，与地震影响系数曲线（《抗规》5.2.2 条）相关；当结构采用底部剪力法时，根据《抗规》5.2.1 条，基于水平地震影响系数最大值计算求出结构的水平地震作用标准值；根据《抗规》5.3.1 条，可求出竖向地震影响系数的最大值，从而求出结构总竖向地震作用标准值。因为结构刚度与结构周期成反比，所以盈建科中的一些与刚度相关的计算参数都对地震作用的大小有影响。

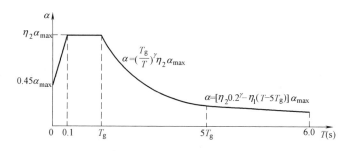

图 1.2-1 地震影响系数曲线

α—地震影响系数；α_{max}—地震影响系数最大值；η_1—直线下降段的下降斜率调整系数；

γ—衰减指数；T_g—特征周期；η_2—阻尼调整系数；T—结构自振周期

1.2.2 抗震等级

总结《抗规》中与抗震等级相关的条文，可知柱的抗弯增大系数要大于梁，即强柱弱梁（《抗规》6.2.2）；水平构件及竖向构件（梁、柱）的抗剪增大系数要大于抗弯，即强剪弱弯（梁：《抗规》6.2.4；柱：《抗规》6.2.5）；抗震等级的提高，是为了实现概念设计"强剪弱弯"（荷载组合后的弯矩值、剪力值）、"强柱弱梁"（荷载组合后的弯矩值）；抗震等级划分为一级、二级、三级、四级，从规范条文可知，抗震等级越高，增大系数越大，可以理解为抗震等级越高时，对强剪弱弯、强柱弱梁的要求也越高。"强剪弱弯"是针对于梁、柱单个构件 而"强柱弱梁"是针对于柱子及梁。

1.2.3 抗震荷载组合

结构等效总重力荷载＝1.0×恒＋0.5×活，详见《抗规》5.1.3；计算地震作用时，建筑的重力荷载代表值应取结构和构配件自重标准值及各可变荷载组合值之和。抗震时，可变荷载的组合值系数，按表 1.2-1 采用，再根据具体工程情况，按《抗规》5.4.1（表 1.2-2）或《高规》5.6.4（表 1.2-3）进行荷载组合，然后算出组合后的轴力、弯矩、剪力、扭矩，最后根据《抗规》《高规》对结构进行抗震等级的调整（强剪弱弯、强柱弱梁等）。

抗震组合值系数	表 1.2-1
可变荷载种类	组合值系数
雪荷载	0.5
屋面积灰荷载	0.5

续表

可变荷载种类		组合值系数
屋面活荷载		不计入
按实际情况计算的楼面活荷载		1.0
按等效均布荷载 计算的楼面活荷载	藏书库、档案库	0.8
	其他民用建筑	0.5
起重机悬吊物重力	硬钩吊车	0.3
	软钩吊车	不计入

注：硬钩吊车的吊重较大时，组合值系数应按实际情况采用。

地震作用分项系数 表 1.2-2

地 震 作 用	γ_{Eh}	γ_{Ev}
仅计算水平地震作用	1.3	0.0
仅计算竖向地震作用	0.0	1.3
同时计算水平与竖向地震作用(水平地震为主)	1.3	0.5
同时计算水平与竖向地震作用(竖向地震为主)	0.5	1.3

地震设计状况的时荷载和作用的分项系数 表 1.2-3

参与组合的荷载和作用	γ_G	γ_{Eh}	γ_{Ev}	γ_w	说　明
重力荷载及水平地震作用	1.2	1.3	—	—	抗震设计的高层建筑结构均应考虑
重力荷载及竖向地震作用	1.2	—	1.3	—	9度抗震设计时考虑；水平长悬臂和大跨度结构7度(0.15g)、8度、9度抗震设计时考虑
重力荷载、水平地震及竖向地震作用	1.2	1.3	0.5	—	9度抗震设计时考虑；水平长悬臂和大跨度结构7度(0.15g)、8度、9度抗震设计时考虑
重力荷载、水平地震作用及风荷载	1.2	1.3	—	1.4	60m以上的高层建筑考虑
重力荷载、水平地震作用、竖向地震作用及风荷载	1.2	1.3	0.5	1.4	60m以上的高层建筑，9度抗震设计时考虑；水平长悬臂和大跨度结构7度(0.15g)、8度、9度抗震设计时考虑
	1.2	0.5	1.3	1.4	水平长悬臂结构和大跨度结构，7度(0.15g)、8度、9度抗震设计时考虑

注：1. g 为重力加速度；

　　2. "—"表示组合中不考虑该项荷载或作用效应。

注：1.《荷规》中的荷载组合（《荷规》3.2.3）不包括地震作用，而《抗规》5.4.1 或《高规》5.6.4 的荷载组合，包括地震作用。

　　2. 承载能力极限状态对应的组合为基本组合，正常使用极限状态，如挠度、裂缝，对应的组合为标准组合或准永久组合。风荷载为活荷载，参考《荷规》8.1.4，活荷载组合值系数为 0.6。

1.2.4 某些特殊结构

对于某些特殊结构，如带转换层的高层建筑，《高规》10.2.4：一、一、二级转换结构构件的水平地震作用计算内力应分别乘以增大系数1.9、1.6、1.3；考虑《高规》10.2.4后，再按《抗规》5.4.1或《高规》5.6.4进行荷载组合，算出组合后的轴力、弯矩、剪力、扭矩，然后进行抗震等级的调整（强剪弱弯、强柱弱梁等）；由于是特殊结构，《高规》10.2.11-3：与转换构件相连的一、二级转换柱的上端和底层柱下端截面的弯矩组合值应分别乘以增大系数1.5、1.3，其他层转换柱柱端弯矩设计值应符合本规程第6.2.1条的规定，即按6.2.1条进行强柱弱梁调整后，再对按《抗规》5.4.1或《高规》5.6.4组合后的弯矩组合值乘以增大系数。

对于转换角柱，按《高规》10.2.11-4：转换角柱的弯矩设计值和剪力设计值应分别在本条第3、4款的基础上乘以增大系数1.1。

内力调整的顺序一般是单个工况的内力系数调整（比如，水平地震作用工况下的地震内力放大），然后根据《抗规》或《高规》对不同荷载工况作用下所有构件进行抗震等级调整（先强剪弱弯，然后强柱弱梁），再根据《抗规》及《高规》对特殊部位的特殊构件的内力系数进行调整，最后根据《混规》进行效应与抗力的平衡计算，算出配筋。

1.2.5 抗震时的效应与抗力公式

《抗规》5.4.2：

$$S \leqslant R/\gamma_{RE} \qquad (1.2-1)$$

其中，承载力抗震系数如表1.2-4所示。

承载力抗震系数　　　　　　　　　　　　　表1.2-4

材料	结构构件	受力状态	γ_{RE}
钢	柱,梁,支撑,节点板件,螺栓,焊缝柱,支撑	强度	0.75
		稳定	0.80
砌体	两端均有构造柱、芯柱的抗震墙	受剪	0.9
	其他抗震墙	受剪	1.0
混凝土	梁	受弯	0.75
	轴压比小于0.15的柱	偏压	0.75
	轴压比不小于0.15的柱	偏压	0.80
	抗震墙	偏压	0.85
	各类构件	受剪、偏拉	0.85

注：1. 仅计算竖向地震作用时，各类结构构件承载力抗震调整系数均应采用1.0。抗震调整系数是对抗力的提高。

2. $S \leqslant R/\gamma_{RE}$：公式左边$S$代表的是承载能力极限状态下作用组合的效应设计值（外力或者效应）；公式右边的R代表的是结构构件的抗力设计值（抵抗能力）；S代表外界施加给结构或者构件本身的外力，由外部因素决定，比如地震、风荷载、雪荷载等；R代表结构或者构件本身能够抵抗的力，由构件本身的内部因素决定，比如截面尺寸、强度等。

3. 实际设计中，一般$S \leqslant R/\gamma_{RE}$公式左边的值是一个定值，假设$S$为1，则对表1.2-4中的不同受力状态下的$\gamma_{RE}$不同，梁受弯0.75，轴压比不小于0.15的柱子$\gamma_{RE}$系数为0.80，由于$S$为1，则柱子的受弯抗力要大于梁的受弯抗力，即强柱弱梁（受弯）；表1.2-4中的不同受力状态下的γ_{RE}不同，梁受弯0.75，梁受剪0.85，则由于S为1，则梁的受剪承载力要大于受弯，即强剪弱弯；表1.2-4中的不同受力状态下的γ_{RE}不同，轴压比不小于0.15的柱子γ_{RE}系数为0.80，柱子受剪γ_{RE}系数为0.85。由于S为1，则柱子的受剪承载力要大于受弯，即强剪弱弯。

1.3 盈建科 YJK 使用时常见的问题

1.3.1 局部振动

振型从整体层面反映结构的相对刚度，随着振型阶数的增加，周期越来越小，说明振型对应的刚度越来越大。若振型存在局部振动，则产生局部振动的部位一定是模型中刚度相对较弱的地方。正常结构的前几阶振型（低阶振型）一般是整体结构的平动、扭转，且提供较大的有效质量系数。若结构在低阶振型就出现局部振动（甚至第 1 阶就出现），则模型一定有问题。此时应检查模型中的构件是否正常连接、是否存在多余节点、是否设置多余铰接、是否设置正常厚度的楼板、构件截面是否过小等。若结构在个别高阶振型出现局部振动，如果使用较少振型就能满足有效质量系数的要求，则可以忽略这一提示。

由于局部振动部位的质量只占总质量的很小一部分，因此局部振动的振型几乎不能提供有效质量系数，导致用户计算大量振型（其中包括很多"无用"振型）来满足有效质量系数的要求。当用户计算大量振型（例如，40 阶以上），仍不能满足有效质量系数的要求时，就要考虑结构本身是否存在薄弱部位。此时，用户可以查看发生局部振动的振型，找到刚度薄弱处对其进行加强。在设计时，可以点击：位移-局部楼层/顶视图，选择：恒载工况/活载工况/其他工况去查看哪个构件出现了问题，如图 1.3-1、图 1.3-2 所示。

图 1.3-1 顶视图

1.3.2 错层结构

上部结构计算中，对于水平的楼板软件自动按照默认的刚性板计算。当楼板出现错层时，软件默认按照竖向错开的两块或者多块刚性板计算，这种相距过近的刚性板容易导致应力集中，导致某些构件的内力异常现象。其中，最常见的是短柱超限。

为了避免错层结构的计算异常，可把存在错层楼板的楼层设置为全部或者局部弹性板，至少设置为弹性膜（真实计算面内刚度，面外为 0）。设置弹性板将增加计算工作量，按照现在 YJK 的计算能力，这种计算量的增加对计算效率的影响很小。

1.3.3 梁柱节点核心区抗剪超限

对于高烈度区的框架结构，梁柱节点核心区抗剪超限一直是一个比较棘手的问题。

传统的设计中，为了核心区抗剪满足限值要求，一般采取的措施是加大梁柱截面、提高混凝土强度，这种做法虽然能解决柱节点核心区的抗剪超限问题，但往往是以牺牲建筑物的使用效果，增加结构材料用量为代价的。从《混规》11.6.3 可知：当梁柱材料、截面尺寸一定时，若想使框架梁柱节点核心区抗剪满足要求，唯一的方法是减小节点核心区剪力设计值 V_j。

图 1.3-2 位移显示方式

对于解决框架节点核心区的抗剪超限问题，可以考虑勾选"地震内力按全楼弹性板6计算"的参数选项。勾选此选项，软件仅对地震作用的内力按照全楼弹性板6计算，这样地震计算时让楼板和梁共同抵抗地震作用，楼板分担梁的变形，减小梁的面筋及底筋；同时，考虑楼板有效翼缘，对于单筋梁计算，T形截面会减小梁的受压区高度（弯矩相等的原则），增大力臂，减小底筋。这与考虑受压区钢筋不一样，考虑受压区钢筋时，对于梁跨中，由于梁跨中面筋比较小，对减小底筋帮助不大；对于梁端部，考虑梁底受压区钢筋，会导致受压区高度减小，对受压区取弯矩平衡，可知梁端部面筋会减小。

1.3.4 斜屋面

由于坡屋面、斜板等周边梁不在同一标高处，软件不可能用刚性板去约束这些梁，设置弹性膜可以有效地约束这些梁的受力，使梁的计算内力更符合实际的受力状况。没有弹性板约束的这些斜梁的内力配筋结果可能异常地大。定义弹性板6后，板的内力有一部分会传递给竖向构件。这样，地震计算时让楼板和梁共同抵抗地震作用，楼板分担梁的变形，减小梁的面筋及底筋；同时，考虑楼板有效翼缘，对于单筋梁计算，T形截面会减小梁的受压区高度（弯矩相等的原则），从而增大力臂，减小底筋。

1.3.5 人工设置弹性板

《高规》3.4.6条规定："当楼板平面比较狭长、有较大的凹入和开洞而使楼板有较大削弱时，应在设计中考虑楼板削弱产生的不利影响。"第5.1.5条进一步规定："当楼板会产生较明显的面内变形时，计算时应考虑楼板的面内变形或对采用楼板面内无限刚性假定计算方法的计算结果进行适当调整。"

对于复杂楼板形状的结构工程，如楼板有效宽度较窄的环形楼面或其他有大开洞楼面、有狭长外伸段楼面、局部变窄产生薄弱连接的楼面、连体结构的狭长连接体楼面等部位，楼板面内刚度有较大削弱且不均匀，楼板的面内变形可能会使楼层内抗侧刚度较小的构件的位移和内力加大（相对刚性楼板假定而言），计算时应考虑楼板面内变形的影响。

有时，在梁的设计中需要考虑梁的轴力。当梁的周围都是刚性板时，计算将得不出梁的实际轴力。这种情况下，这些梁的周围必须设置成考虑板面内变形的弹性楼计算模型。

考虑温度荷载时应将楼板设置为弹性板（弹性膜或者弹性板6，不能为弹性板3），否则梁在温度荷载下的伸缩变形将受到刚性板的约束，并使梁产生异常大的轴力导致计算结果不合理。

对于转换层中的梁，在设计中应考虑梁受拉力的情况。为此，用户一般应将转换层全层设置成弹性膜或弹性板6。

1.4 结构概念设计

1.4.1 连续

当柱网纵横方向的长跨与短跨之比≤1.5时，次梁在满足建筑等的前提下（一般墙下布梁），一般尽量沿着跨度多的方向布置，这也是为了实现力流在纵横方向的均匀分配，结构纵向刚度大，就要多承受力，纵向布置次梁。次梁的布置连续，可以充分利用梁端负弯矩协调变形。如果次梁不连续布置（间断布置或交错布置且间隔很近），扭矩可能很大，可能造成主梁超筋或者箍筋计算值会很大。

剪力墙往往带翼缘，两个方向互相增加刚度，也是结构布置连续的体现。

1.4.2 均匀

刚度的布置应均匀（整体布置或者局部构件之间），否则结构平面刚度不均匀，造成扭转破坏、结构竖向刚度不均匀或承载力不均匀造成薄弱层破坏，会导致几个指标通不过或者超筋。为了协调均匀性，往往需要加减墙、柱及梁的截面，甚至墙上开洞。刚度有 X、Y 向刚度，X 方向或 Y 方向两端刚度接近（均匀）位移比才小，外部刚度大于内部刚度周期比才更容易满足。结构转换层上下的刚度比规定，体现对结构竖向刚度均匀变化的要求。在转换层结构中，如果转换梁上的剪力墙布置不均匀，则在转换梁上会产生较大的相对竖向位移，会造成转换梁的超筋。

结构竖向刚度不均匀还会引起鞭梢效应，加剧高振型影响，使结构上部变形放大，严重时顶部结构破坏。此时，竖向构件应箍筋加密。

1.4.3 混凝土构件要从上到下贯通受压

混凝土受压时变形小，而受拉、受弯、受扭时变形大。偏心受压可简化为轴心受压加弯矩 M，多了一个弯曲变形，如图 1.4-1 所示，从上到下贯通受压，传力直接且变形小。

1.4.4 传力途径短

在楼盖设计时，次梁在不同位置处布置会产生不同的作用效果，次梁的布置在满足建筑的前提下应尽量离支座近（≥300mm），让传递途径短，如图 1.4-2 所示。

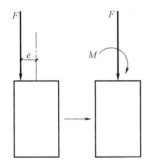

图 1.4-1 混凝土构件偏心
受压时的简化示意图

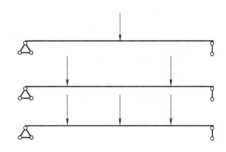

图 1.4-2 次梁布置

1.4.5 力沿着刚度大部位传递

力流总是沿着刚度大或"增大"的地方自发传递，如果减小门式刚架中钢梁中部段的截面，端部截面的应力比会增加。如果柱顶点铰接，钢梁底部应力比会增大，如果柱角点铰接，钢梁端部应力比会增大。

考虑弹性楼板6的作用时（同时考虑面内面外刚度），楼板的有效翼缘与柱子相连处，相当于一个柱帽，力沿着刚度大的地方（柱子）传递，所以当考虑弹性楼板6的作用时，会有一部分竖向力传递给柱子或剪力墙，如图1.4-3所示。

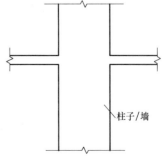

柱子/墙

图 1.4-3 板的有效翼缘
与柱子/墙相连

1.4.6 强柱弱梁/强墙弱梁

强柱弱梁指的是使框架结构塑性铰出现在梁端的设计要求，用以提高结构的变形能力，防止在强烈地震作用下倒塌。"强柱弱梁"不仅是手段，也是目的，其手段表现在人们对柱的设计弯矩人为放大，对梁不放大。其目的表现在调整后，柱的抗弯能力比之前强了，而梁不变，即柱的能力提高程度比梁大，这样梁柱一起受力时，梁端可以先于柱屈服。强柱弱梁是一个从结构抗震设计角度提出的结构概念，柱子不先于梁破坏，因为梁破坏属于构件破坏，是局部性的，柱子破坏将危及整个结构的安全，可能会整体倒塌，后果严重。要保证柱子"相对"更安全，故要"强柱弱梁"。

一般工程剪力墙连梁刚度折减系数取 0.7，8、9 度时可取 0.5；连刚梁度折减系数主要是针对那些与剪力墙一端或两端平行连接的梁，由于连梁两端位移差很大，剪力会很大，很可能出现超筋。于是，要求连梁在进入塑性状态后，允许其卸载给剪力墙。计算地震内力时，连梁刚度可折减。

1.4.7 强剪弱弯

强剪弱弯是一个从结构抗震设计角度提出的一个结构概念。弯曲破坏和剪切破坏是钢筋混凝土柱在地震作用下常见的破坏形式，其中弯曲破坏属于延性破坏形式，柱发生弯曲破坏可以拥有较大的非线性变形而强度和刚度降低较少；而剪切破坏属于脆性破坏形式，柱发生剪切破坏常常伴随着刚度和强度的较大的退化，破坏突然，对结构整体安全性影响也较大。故现代抗震设计思想中提倡"强剪弱弯"设计，目的就是尽量使结构在遭受强烈地震作用时出现延性破坏形式，使结构拥有良好的变形能力和耗能能力。

1.4.8 缝的设置

平面不规则处，变形大，做到变形协调要花很大的代价，不如脱开来得经济，但会造成很多麻烦，比如防水不好处理等；也可以"抗"，比如加大柱截面、墙截面、梁截面，加强配筋等。

1.4.9 在内力传递到结构基础前使内力形成平衡体系

梁两端有悬挑梁 $(0.25 \sim 0.3)L$ 或悬挑板，新增悬挑杆件产生的内力能平衡一部分原构件中的内力，于是原构件跨中变形减小，如图 1.4-4 所示。

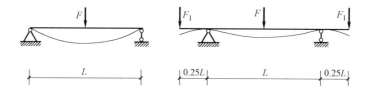

图 1.4-4 普通梁与带悬挑构件梁的变形示意图

1.4.10 加大框架结构外围梁高

框架结构中，加大外围框架的梁高，能增大整个结构的刚度。加大外围框架梁高，柱的反弯点下移，如图 1.4-5 (a) 所示，水平荷载作用在柱子时，柱子水平位移减小。当梁柱刚度比为 1∶1 时，反弯点大约在柱高的 3/4 处，如图 1.4-5 (b) 所示。当柱底完全固接，梁的刚度能约束柱顶的全部转动时，柱的反弯点在 1/2 柱高处，如图 1.4-5 (a) 所示。

1.4.11 剪力墙布置在结构外围

水平荷载作用在结构上时，$F_1 \cdot H = F_2 \cdot D$，抗倾覆力臂 D 越大，F_2 越小，于是竖向相对位移差越小；反之，如果竖向相对位移差越大，则可能会导致连梁超筋。剪力墙布置在外围，整个结构抗扭刚度很大；反之，如果不布置在外围且不均匀，则可能会导致位移比、周期比等不满足规范要求，如图1.4-6所示。

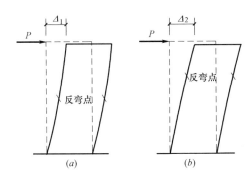

图 1.4-5　梁高不同时柱反弯点变化示意图

注：工程设计中，外立面的梁底一般都是顶着窗户顶标高，很难加高。梁高加高一般只能在不影响建筑功能使用的前提下，比如窗户处、飘窗处、玻璃幕墙处。

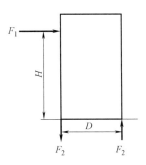

图 1.4-6　倾覆力矩由竖向支承力形成的力偶抵抗

1.5　从材料力学谈结构布置

把房屋理解为一根悬臂梁或者多个变截面连接的悬臂梁，就可以用材料力学的一些知识理解悬臂梁的受力及平面布置原则，如图1.5-1所示。

1.5.1　材料的连续性及均匀性

孙训方主编的《材料力学》（第四版）在1.3节"可变形固体的性质及其基本假设"中阐述了连续性及均匀性的假设。如果把悬臂梁当结构，悬臂梁内部的材料连接比作结构中的构件连接，则连续性及均匀性是很重要的结构布置原则。

1.5.2　从变形的角度理解构件

孙训方主编的《材料力学》（第四版）在第2章～第5章阐述了轴向变形、扭转变形、弯曲变形、XYZ方向的位移对构件的影响；如果把悬臂梁当结构，悬臂梁内部的连接比作结构中的构件连接，则从轴向变形、扭转变形、弯

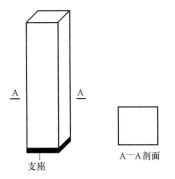

图 1.5-1　房屋悬臂梁模型

曲变形、XYZ方向的位移理解刚度的反面，是一种很直观、简单、本质的方法。如果构件的轴向变形、扭转变形、弯曲变形、XYZ方向的位移小，则结构布置一般比较经济、合理，也符合概念设计：连续、均匀。

1.5.3　扭转

孙训方主编的《材料力学》（第四版）在第3章中讲述了构件的扭转，其切应变如图1.5-2所示，并且由圆形构件的扭转系数 $W = \pi d^3/16$，可得知构件主要靠外围的构件抵抗扭转。如果把悬臂梁当结构，则构件要多布置在结构外围，才能更好地发挥作用。

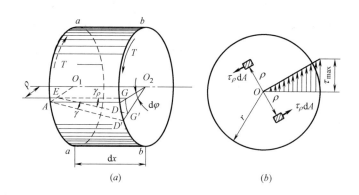

图 1.5-2　扭转作用下的切应变

1.5.4　弯曲应力

孙训方主编的《材料力学》(第四版)在第 4.4 节"梁横截面上的正应力、梁的正应力强度条件"中对梁的受弯截面应力分布如图 1.5-3 所示。房屋可以类比一根悬臂梁,在水平荷载作用下,弯矩如图 1.5-4 所示。弯矩的存在必然是力矩,即一拉一压,其应力分布也如图 1.5-3 所示,所以结构布置要外强内弱,物尽其用。

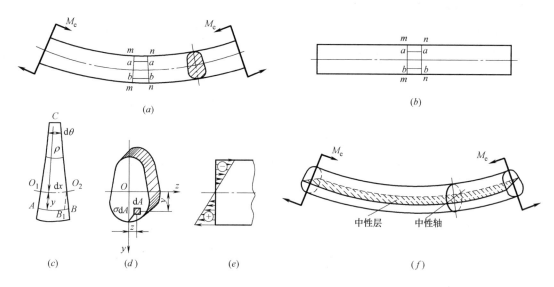

图 1.5-3　正应力分布图

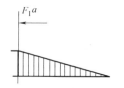

图 1.5-4　悬臂梁弯矩分布

1.6 延性设计

1.6.1 对延性设计的理解

延性，物理术语，是指材料的结构、构件或构件的某个截面从屈服开始到达最大承载能力或到达以后而承载能力还没有明显下降期间的变形能力。举例来说，金、铜、铝等皆属于有较高延性的材料。延性好的结构，构件或构件的某个截面的后期变形能力大，在达到屈服或最大承载能力状态后仍能吸收一定量的能量，能避免脆性破坏的发生。延性好的结构破坏我们称之为塑性破坏，延性差的结构破坏我们称之为脆性破坏。塑性破坏能提前给人以预兆，是符合结构设计理论的。

1.6.2 对延性概念——塑性铰的理解

混凝土结构设计原理告诉我们，对于超静定结构，塑性铰是结构延性的一个重要措施，而梁端塑性铰的实现，是基于"强柱弱梁"，并且梁端塑性铰实现的前提，是基于梁不发生剪切破坏（脆性破坏）这个前提，即要满足"强剪弱弯"；"强柱弱梁"及"强剪弱弯"是针对构件的实际承载力，"强柱弱梁"是超静定结构经过二次（抗震等级相关的内力调整及 γ_{RE} 调整）或者多次调整后的结果；"强剪弱弯"对超静定结构或者静定结构（考虑竖向地震作用的悬臂梁）经过二次（抗震等级相关的内力调整及 γ_{RE} 调整）调整后的结果。

1.6.3 剪力墙住宅设计时采取的延性措施（形成塑性铰）

对于长度大于 5m 的墙体，在刚度富足的情况下，在适当楼层以上（例如顶部 2/3 的楼层）考虑结构开洞，以增加结构耗能机制及降低结构成本。洞口宽度 1.0～1.5m，洞口上下对齐，连梁的跨高比宜小于 2.5。

1.6.4 对结构整体延性的理解

整体延性如图 1.6-1 所示，中震及大震作用时，与抗震等级有关的抗震调整系数取 1.0，中震弹性设计时 γ_{RE} 调整，中震不屈服及大震不屈服 γ_{RE} 不调整。一般，盈建科参数中填写中震弹性或者中震不屈服的相关系数，然后在此基础上，软件默认全部构件都是中震正截面及斜截面弹性或不屈服，有些与性能不符合的构件（比如，某些关键构件正截面不屈服，斜截面弹性），可以自己手动在软件中修改，软件会自动计算。

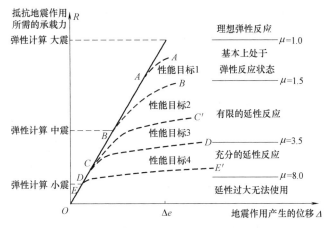

图 1.6-1 抗震性能目标、承载力与延性之间的关系

《高规》3.11.1：结构抗震性能设计应分析结构方案的特殊性、选用适宜的结构抗震性能目标，并采取满足预期的抗震性能目标的措施。结构抗震性能目标应综合考虑抗震设防类别、设防烈度、场地条件、结构的特殊性、建造费用、震后损失和修复难易程度等各项因素选定。结构抗震性能目标分为 A、B、C、D 四个等级，结构抗震性能分为 1、2、3、4、5 五个水准（表 1.6-1），每个性能目标均与一组在指定地震地面运动下的结构抗震性能水准相对应。

结构抗震性能目标 表 1.6-1

性能目标 性能水准 地震水准	A	B	C	D
多遇地震	1	1	1	1
设防烈度地震	1	2	3	4
预估的罕遇地震	2	3	4	5

《高规》3.11.2：结构抗震性能水准可按表 1.6-2 进行宏观判别。

各性能水准结构预期的震后性能状况 表 1.6-2

结构抗震 性能水准	宏观损坏 程度	损坏部位			继续使用的 可能性
		关键构件	普通竖向构件	耗能构件	
1	完好、无损坏	无损坏	无损坏	无损坏	不需修理即可继续使用
2	基本完好、轻微损坏	无损坏	无损坏	轻微损坏	稍加修理即可继续使用
3	轻度损坏	轻微损坏	轻微损坏	轻度损坏、部分中度损坏	一般修理后可继续使用
4	中度损坏	轻度损坏	部分构件中度损坏	中度损坏、部分比较严重损坏	修复或加固后可继续使用
5	比较严重损坏	中度损坏	部分构件比较严重损坏	比较严重损坏	需排险大修

注："关键构件"是指该构件的失效可能引起结构的连续破坏或危及生命安全的严重破坏；"普通竖向构件"是指"关键构件"之外的竖向构件；"耗能构件"包括框架梁、剪力墙连梁及耗能支撑等。

一般情况下，6 度及 7 度区可以把性能目标定位 C 级，8 度可定位 D 级。单跨框架结构的抗震性能目标不应低于 C 级，且一般不按超限设计。剪力墙结构或者框架-核心筒结构底部加强区剪力墙满足承载力、构造要求及大震下的弹塑性位移角时，可不设定为关键构件。下列构件一般属于关键构件：重要的斜撑构件；扭转变形很大部位的竖向（斜向）构件；长短柱在同一楼层且数量相当多时该层各个长短柱；底部加强部位的重要竖向构件（底部加强区剪力墙、框架柱）；水平转换构件及与其相连的竖向支承构件；大悬挑结构的主要悬挑构件；承托上部多个楼层框架柱的腰桁架等；这些构件的共同点是：该构件的失效可能引起结构的连续破坏或危及生命安全的严重破坏。

《高层建筑混凝土结构技术规程 JGJ 3—2010 应用与分析》一书中，对中震、大震作用下的性能设计做了相关的规定,如表 1.6-3 所示。抗震的钢筋混凝土结构都要按照延性结构要求进行抗震设计,以达到抗震设防的三水准要求:小震下结构处于弹性状态;中震时,结构可能损坏,但经修理即可继续使用;大震时,结构可能有些破坏,但不致倒塌或危及生命安全。

结构在中震和大震下的性能设计要求　　　　　　　　　　　　　　　表 1.6-3

性能水准	要　　求	
1	中震时,结构构件的正截面承载力及受剪承载力满足弹性设计要求	
2	中震或大震时	1)关键构件及普通竖向构件:正截面承载力及受剪承载力满足弹性设计要求
		2)耗能构件:受剪承载力满足弹性设计要求,正截面承载力满足"屈服承载力"设计要求
3		1)应进行弹塑性计算分析
	中震或大震时	2)关键构件及普通竖向构件:正截面承载力满足水平地震作用为主的"屈服承载力"设计要求
		3)水平长悬臂和大跨度结构中的关键构件:正截面承载力满足竖向地震为主的"屈服承载力"设计要求,其受剪承载力满足弹性设计要求
		4)部分耗能构件:进入屈服,其受剪承载力满足"屈服承载力"要求
		5)控制大震下结构薄弱层的层间位移角
4		1)应进行弹塑性计算分析
	中震或大震时	2)关键构件:正截面承载力及受剪承载力应满足水平地震作用为主的"屈服承载力"设计要求
		3)水平长悬臂和大跨度结构中的关键构件:正截面承载力满足竖向地震为主的"屈服承载力"设计要求
		4)部分竖向构件及大部分耗能构件:进入屈服,混凝土竖向构件及钢-混凝土组合剪力墙满足"截面剪压比"要求
		5)控制大震下结构薄弱层的层间位移角
5		1)应进行弹塑性计算分析
	大震时	2)关键构件:正截面承载力及受剪承载力应满足水平地震作用为主的"屈服承载力"设计要求
		3)竖向构件:较多进入屈服,但同一楼层不宜全部屈服,满足"截面剪压比"要求
		4)部分耗能构件:发生比较严重的破坏
		5)控制大震下结构薄弱层的层间位移角

　　A、B、C、D 四级性能目标的结构,在小震作用下均应满足第 1 抗震性能水准,即满足弹性设计要求;在中震或大震作用下,四种性能目标所要求的结构抗震性能水准有较大的区别。A 级性能目标是最高等级,中震作用下要求结构达到第 1 抗震性能水准,大震作用下要求结构达到第 2 抗震性能水准,即结构仍处于基本弹性状态;B 级性能目标,要求结构在中震作用下满足第 2 抗震性能水准,大震作用下满足第 3 抗震性能水准,结构仅有轻度损坏;C 级性能目标,要求结构在中震作用下满足第 3 抗震性能水准,大震作用下满足第 4 抗震性能水准,结构中度损坏;D 级性能目标是最低等级,要求结构在中震作用下满足第 4 抗震性能水准,大震作用下满足第 5 性能水准,结构有比较严重的损坏,但不致倒塌或发生危及生命的严重破坏。

　　鉴于地震地面运动的不确定性以及对结构在强烈地震下非线性分析方法(计算模型及

参数的选用等）存在不少经验因素，缺少从强震记录、设计施工资料到实际震害的验证，对结构抗震性能的判断难以十分准确，尤其是对于长周期的超高层建筑或特别不规则结构的判断难度更大，因此在性能目标选用中宜偏于安全一些。例如：特别不规则的、房屋高度超过 B 级高度很多的高层建筑或处于不利地段的特别不规则结构，可考虑选用 A 级性能目标；房屋高度超过 B 级高度较多或不规则性超过本规程适用范围很多时，可考虑选用 B 级或 C 级性能目标；房屋高度超过 B 级高度或不规则性超过适用范围较多时，可考虑选用 C 级性能目标；房屋高度超过 A 级高度或不规则性超过适用范围较少时，可考虑选用 C 级或 D 级性能目标。结构方案中仅有部分区域结构布置比较复杂或结构的设防标准、场地条件等特殊性，使设计人员难以直接按规定的常规方法进行设计时，可考虑选用 C 级或 D 级性能目标。性能目标选用时，中震及大震弹性及不屈服性能设计，可以类比小震弹性设计，看盈建科计算结果是否显示红色；中震及大震弹性及不屈服设计时超筋（显示红色），解决方法可以类比小震弹性时的超筋方法（对截面及位置做加减法）；对于各种分析软件，比如损伤分析软件，是从单元的角度查看单元的应力，对于混凝土，主要是查看压应力，对于钢筋，拉压应力均应查看。

1.6.5 轴压比对延性的影响

轴压比的影响：轴压比 n 是指柱的轴向压力设计值 N 与柱的混凝土强度设计值 f_c 和柱截面面积 A 的乘积的比值。轴压比对压弯构件延性的影响主要表现在如下两个方面：一是轴压比和混凝土极限压应变的关系，压弯构件随着轴压比的不同，截面的应变分布明显不同，低轴压比时截面的应变分布如同受弯构件，应变梯度较大。随着轴压比的增大，截面的应变梯度逐渐减小，当轴压比很高时，截面的应变分布近似于轴心受压构件。约束混凝土的极限变形能力除与轴压比有关，还与配箍率有关。混凝土的约束程度越高，极限变形能力越大。因此，必须严格控制轴压比，使其取一个合理的数值，不能定得过高或过低。因为影响构件延性的主要因素是轴压比，尤其是在高轴压比情况下，在水平荷载施加前，柱子已经产生了较大的预压应变，预压应变降低截面的塑性转动能力，使构件的延性变差，所以轴压比限值不能定得过高。

1.6.6 箍筋对延性的影响

震害表明，梁端、柱端震害严重，是框架梁、柱的薄弱部位，所以按照"强剪弱弯"原则设计的箍筋主要配置在梁端、柱端塑性铰区，称为箍筋加密区。

在塑性铰区配置足够的箍筋，可约束核心混凝土，显著提高塑性铰区混凝土的极限应变值，提高抗压强度，防止斜裂缝的开展，从而可充分发挥塑性铰的变形和耗能能力，提高梁、柱的延性；而且，钢箍作为纵向钢筋的侧向支承，阻止纵筋压屈，使纵筋充分发挥抗压强度。所以规范规定，在框架梁端、柱端塑性铰区，箍筋必须加密。短柱要全高加密，一般以下情况箍筋要全高加密：

(1) 一、二级框架角柱全高箍筋加密（《抗规》6.3.9 第 4 款）；

(2) 框支柱、转换柱全高加密（《抗规》6.3.9 第 4 款，《高规》10.2.10 第 2 款）；

(3) 8、9 度框架结构房屋防震缝两侧结构层高相差较大时，防震缝两侧框架柱的箍筋应沿房屋全高加密（《抗规》6.1.4 第 2 款）；

(4) 需要提高变形能力的柱箍筋全高加密（《高规》6.4.6 第 6 款）；

(5) 抗震墙的墙肢长度不大于墙厚的 3 倍时，应按柱的有关要求进行设计，矩形墙肢的厚度不大于 300mm 时，尚宜全高加密箍筋（《抗规》6.4.6）；

（6）加强层及其相邻的框架柱，箍筋应全柱端加密配置（《高规》10.3.3 第 2 款）；

（7）抗震设计时，错层处框架柱箍筋全高加密（《高规》10.4.4 第 1 款）；

（8）抗震设计时，与连接体相连的框架柱在连接体高度范围内及其上下层，箍筋全柱段加密（《高规》10.5.6 第 2 款）；

（9）塔楼中，与裙房相连的外围柱，柱箍筋宜在裙楼屋面上下层的范围内全高加密（《高规》10.6.3 第 3 款）；

（10）框-剪结构中，剪力墙底部加强部位的边框柱的箍筋宜沿全高加密，当带边框剪力墙上的洞口紧邻边框柱时，边框柱箍筋宜沿全高加密（《高规》8.2.2 第 5 款）；

（11）剪跨比不大于 2 的柱和因填充墙等形成的柱净高与截面高度之比不大于 4 的柱全高范围（《高规》6.4.6 第 4 款）；

（12）剪跨比小于等于 2 的框架柱及短柱应全高加密；

（13）顶层由于使用要求取消部分内柱形成顶层大空间而导致刚度突变者，其顶层其他框架 柱箍筋应全高加密；

（14）按照上海的地方性要求，梯柱要全高加密。

1.6.7 混凝土强度等级对延性的影响

提高混凝土强度等级，可以在不加大截面尺寸的情况下提高轴压比。并且，随着混凝土强度等级提高，混凝土的极限压应变变小，变形能力变差，对构件的延性将产生不利的影响。

2 混凝土结构布置实例解析

2.1 对结构布置的理解

2.1.1 结构布置的思路

图 2.1-1～图 2.1-3 结构布置不断变化时，有一条不变的原则：主梁或者连梁两端为了满足固接要求，则框梁或连梁两个端部需要一定长度的竖向构件（柱子或墙长或翼缘），满足锚固要求；围成大的混凝土盒子后，根据隔墙的位置或次梁的间距要求（一般相隔 2～3m），布置次梁。

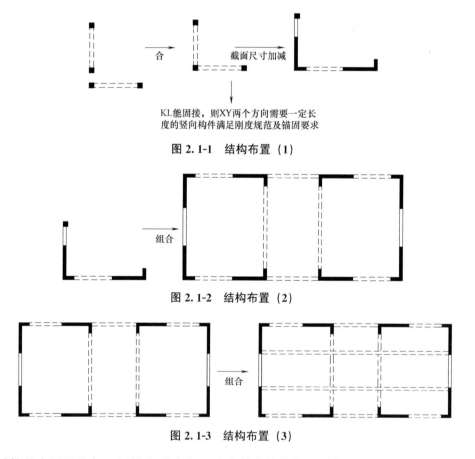

图 2.1-1　结构布置（1）

图 2.1-2　结构布置（2）

图 2.1-3　结构布置（3）

结构的布置要均匀，扭转变形才小，盈建科中的指标（周期比、位移比等）才容易通过；结构布置要外强内弱（减短内部剪力墙的长度、减去电梯井处的部分墙体），周期比才好通过；次梁布置连续时，更经济。

2.1.2 剪力墙住宅中电梯布置思路

剪力墙住宅中电梯布置如图 2.1-4 所示。

图 2.1-4 电梯井布置

注：这三种布置形式都可以，一般用第一种及第二种。在实际设计中，可能在图 2.1-4 的基础上加
上翼缘，方便与框架梁连接。

2.1.3 框架结构的布置思路

框架结构的柱网是矩形时，结构布置会比较好；在实际设计中，楼梯间四个角最好加
柱子（也可以不加）；当柱网不对齐时，框梁端部可以不全部是柱子，可以一端柱子，一
端框梁，如图 2.1-5 所示；当柱网不对齐时，可以拉斜梁，如图 2.1-6 所示。有时候跨度
比较大，内部不方便做柱子时，也可以做成十字梁，如图 2.1-7 所示。

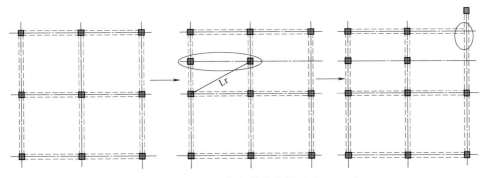

图 2.1-5 框架结构布置（1）

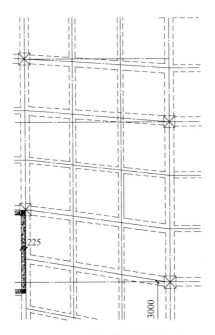

图 2.1-6 框架结构布置（2）

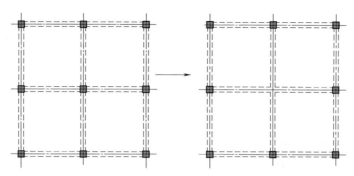

图 2.1-7 框架结构布置 (3)

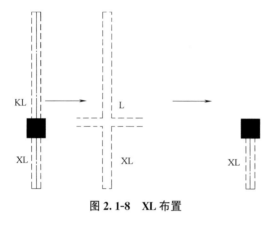

图 2.1-8 XL 布置

2.1.4 巧用端柱

悬挑梁的布置，最好是从框梁上延续伸出做悬挑梁，在实际设计中，有时候没有框，则需要加一个端柱，比如 400×600，如图 2.1-8 所示。

2.1.5 门式刚架结构布置

梁拱形布置时，弯矩比较小，比较节省，所以产生了大跨度门式刚架厂房（图2.1-9）。在混凝土结构中，坡屋顶跨度不大时，可以取消屋脊处的次梁。

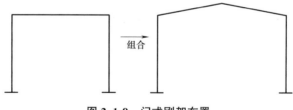

图 2.1-9 门式刚架布置

2.2 结构布置与几个重要的指标

2.2.1 层间位移角

（1）概念

在正常使用条件下，高层建筑结构应具有足够的刚度，避免产生过大的位移而影响结构的承载力、稳定性和使用要求，控制层间位移的主要目的是使高层建筑不出现影响正常使用的裂缝或损伤，因此正常使用状态下混凝土构件的开裂与否及开裂程度成为钢筋混凝土高层建筑层间位移值的主要控制准则。

（2）规范规定

《高规》3.7.3：按弹性方法计算的风荷载或多遇地震标准值作用下的楼层层间最大水平位移与层高之比 Δ_u/h 宜符合下列规定：

高度不大于 150m 的高层建筑，其楼层层间最大位移与层高之比 Δ_u/h 不宜大于表

2.2-1 的限值。

楼层层间最大位移与层高之比的限值 表 2.2-1

结 构 体 系	Δ_u/h 限值
框架	1/550
框架-剪力墙、框架-核心筒、板柱-剪力墙	1/800
筒中筒、剪力墙	1/1000
除框架结构外的转换层	1/1000

在罕遇（大震）地震作用下，结构进入弹塑性变形状态时。根据震害经验、试验研究和计算分析结果，提出以构件（梁、柱、墙）和节点达到极限变形时的层间极限位移角作为罕遇地震作用下结构弹塑性层间位移角限值的依据。《抗规》5.5.5 条对弹塑性层间位移角限值作了相关规定，如表 2.2-2 所示。

弹塑性层间位移角限值 表 2.2-2

结 构 类 型	$[\theta_p]$
单层钢筋混凝土柱排架	1/30
钢筋混凝土框架	1/50
底部框架砌体房屋中的框架-抗震墙	1/100
钢筋混凝土框架-抗震墙、板柱-抗震墙、框架-核心筒	1/100
钢筋混凝土抗震墙、筒中筒	1/120
多层、高层钢结构	1/50

（3）调整模型方法与技巧

层间位移角一般容易满足规范，但是当基本风压过大，地震烈度是 7 度、8 度；楼层很高时，比如超高层，层间位移角也会不满足规范要求。对于框架结构，外围梁底一般都是顶着窗户顶标高，除了玻璃幕墙处、飘窗处、窗户外，梁高增大可能性不大，一般增大柱子截面尺寸并沿全高贯通布置、增大内部的梁高；对于剪力墙结构，外围梁底一般都是顶着窗户顶标高，除了飘窗处、窗台处等，梁高增大可能性不大，一般是增加剪力墙的长度或者剪力墙翼缘的长度，并沿全高贯通布置。

2.2.2 刚重比

（1）概念

结构的侧向刚度与重力荷载设计值之比称为刚重比。它是影响重力二阶效应的主要参数，且重力二阶效应随着结构刚重比的降低呈双曲线关系增加。高层建筑在风荷载或水平地震作用下，若重力二阶效应过大则会引起结构的失稳倒塌，所以要控制好结构的刚重比。

（2）规范规定

《高规》5.4.1：当高层建筑结构满足下列规定时，弹性计算分析时可不考虑重力二阶效应的不利影响。

1）剪力墙结构、框架-剪力墙结构、板柱剪力墙结构、筒体结构：

$$EJ_d \geqslant 2.7H^2 \sum_{i=1}^{n} G_i \tag{2.2-1}$$

2) 框架结构

$$D_i \geqslant 20 \sum_{j=1}^{n} G_j/h_i \quad (i=1,\ 2,\ \cdots,\ n) \tag{2.2-2}$$

式中　EJ_d——结构一个主轴方向的弹性等效侧向刚度，可按倒三角形分布荷载作用下结构顶点位移相等的原则，将结构的侧向刚度折算为竖向悬臂受弯构件的等效侧向刚度；

H——房屋高度；

G_i、G_j——第 i、j 楼层重力荷载设计值，取 1.2 倍的永久荷载标准值与 1.4 倍的楼面可变荷载标准值的组合值；

h_i——第 i 楼层层高；

D_i——第 i 楼层的弹性等效侧向刚度，可取该层剪力与层间位移的比值；

n——结构计算总层数。

《高规》5.4.4：高层建筑结构的整体稳定性应符合下列规定

1) 剪力墙结构、框架-剪力墙结构、筒体结构应符合下式要求：

$$EJ_d \geqslant 1.4H^2 \sum_{i=1}^{n} G_i \tag{2.2-3}$$

2) 框架结构应符合下式要求：

$$D_i \geqslant 10 \sum_{j=i}^{n} G_j/h_i \quad (i=1,\ 2,\ \cdots,\ n) \tag{2.2-4}$$

（3）调整模型方法与技巧

刚重比一般都满足规范要求。刚重比如果不满足要求，一般都是建筑方案出现了问题，要调整结构的方案。胖矮的房屋刚重比大，高瘦的房屋刚重比小。刚重比不满足规范上限要求时，可在盈建科"计算控制信息"中勾选"考虑 $P\text{-}\Delta$ 效应"，程序自动计入重力二阶效应的影响。

2.2.3　位移比

（1）概念

位移比是小震不坏、大震不倒的一个抗震措施。对于小震可以按弹性计算，对于大震无法按弹性计算，通常只有通过这些措施来控制结构的大震不倒。小震时如果位移比过大，在大震的时候就容易出现边跨构件位移过大而破坏；高层建筑位移比一般不要超过 1.4。

（2）规范规定

《高规》3.4.5：结构平面布置应减少扭转的影响。在考虑偶然偏心影响的规定水平地震力作用下，楼层竖向构件最大的水平位移和层间位移，A 级高度高层建筑不宜大于该楼层平均值的 1.2 倍，不应大于该楼层平均值的 1.5 倍；B 级高度高层建筑、超过 A 级高度的混合结构及本规程第 10 章所指的复杂高层建筑不宜大于该楼层平均值的 1.2 倍，不应大于该楼层平均值的 1.4 倍。

注：当楼层的最大层间位移角不大于本规程第 3.7.3 条规定的限值的 40% 时，该楼层竖向构件的最

大水平位移和层间位移与该楼层平均值的比值可适当放松，但不应大于 1.6。

（3）调整模型方法与技巧

位移比的关键是调扭转，扭转的产生，一般是平面本身造成的，比如蝶形的户型，相对于整个平面布置有凹凸，凹凸造成扭转；二是楼梯、电梯井的偏置造成的。调户型的凹凸造成的扭转，由于梁底一般都是顶着窗户顶做，除了飘窗、窗户处，一般无法发挥梁高的作用，主要是调整竖向构件，让剪力墙布置成盒子形，盒子稳了，扭转就小；调楼梯、电梯井的偏置造成的扭转，一般是加长与楼梯间、电梯井相对一侧剪力墙墙长，去平衡扭转；在增加剪力墙的同时，应保持 X 侧刚度均匀或 Y 侧刚度均匀。

2.2.4 周期比

（1）概念

周期比其实是小震不坏、大震不倒的一个抗震措施。对于小震可以按弹性计算，对于大震无法按弹性计算，通常只有通过这些措施来控制结构的大震不倒。周期比是抗震的控制措施，非抗震时可不用控制，广东省工程可不控制。

周期比是控制侧向刚度与扭转刚度之间的一种相对关系，而非其绝对大小，它的目的是使抗侧力构件的平面布置更有效、更合理，使结构不至于出现过大的扭转效应，控制周期比不是要求结构是否足够结实，而是要求结构承载布局合理。多层结构一般不要求控制周期比，但位移比和刚度比要控制，避免平面和竖向不规则，以及进行薄弱层验算。对于复杂建筑，比如蝶形建筑，蝶形四周应加长墙去形成"稳"的盒子，盒子稳了，一般较小的代价就能满足周期比。

（2）规范规定

《高规》3.4.5：结构扭转为主的第一自振周期 T_t 与平动为主的第一自振周期 T_1 之比，A 级高度高层建筑不应大于 0.9，B 级高度高层建筑、超过 A 级高度的混合结构及本规程第 10 章所指的复杂高层建筑不应大于 0.85。

（3）调整模型方法与技巧

参考"位移比"调整模型方法与技巧；周期比的调整，可以采用"减法"；如果允许，可以适当地减小楼梯、电梯井的剪力墙墙体，减小内部剪力墙轴压比有富余的墙体长度。

2.2.5 轴压比

（1）概念

抗震等级越高的建筑结构或构件，其延性要求也越高，对轴压比的限制也越严格，比如框支柱、一字形剪力墙等。抗震等级低或非抗震时，可适当放松对轴压比的限制，但任何情况下不得小于 1.05。

（2）规范规定

《抗规》6.3.6：柱轴压比不宜超过表 2.2-3 的规定；建造于 Ⅳ 类场地且较高的高层建筑，柱轴压比限值应适当减小。

| 柱轴压比限值 | | | | 表 2.2-3 |

结 构 类 型	抗震等级			
	一	二	三	四
框架结构	0.65	0.75	0.85	0.90

结 构 类 型	抗震等级			
	一	二	三	四
框架-抗震墙,板柱-抗震墙、框架-核心筒及筒中筒	0.75	0.85	0.90	0.95
部分框支抗震墙	0.6	0.7		—

注：1. 轴压比指柱组合的轴压力设计值与柱的全截面面积和混凝土轴心抗压强度设计值乘积之比值；对本规范规定不进行地震作用计算的结构，可取无地震作用组合的轴力设计值计算；

2. 表内限值适用于剪跨比大于2、混凝土强度等级不高于C60的柱；剪跨比不大于2的柱，轴压比限值应降低 0.05；剪跨比小于 1.5 的柱，轴压比限值应专门研究并采取特殊构造措施；

3. 沿柱全高采用井字复合箍且箍筋肢距不大于 200mm、间距不大于 100mm、直径不小于 12mm，或沿柱全高采用复合螺旋箍、螺旋间距不大于 100mm、箍筋肢距不大于 200mm、直径不小于 12mm，或沿柱全高采用连续复合矩形螺旋箍、螺旋净距不大于 80mm、箍筋肢距不大于 200mm、直径不小于 10mm，轴压比限值均可增加 0.10；上述三种箍筋的最小配箍特征值均应按增大的轴压比由本规范表6.3.9确定；

4. 在柱的截面中部附加芯柱，其中另加的纵向钢筋的总面积不少于柱截面面积的 0.8%，轴压比限值可增加 0.05；此项措施与注3的措施共同采用时，轴压比限值可增加 0.15，但箍筋的体积配箍率仍可按轴压比增加 0.10 的要求确定；

5. 柱轴压比不应大于 1.05。

《高规》7.2.13：重力荷载代表值作用下，一、二、三级剪力墙墙肢的轴压比不宜超过表 2.2-4 的限值。

剪力墙墙肢轴压比限值　　　　　　　　　　　表 2.2-4

抗震等级	一级(9度)	一级(6、7、8度)	二、三级
轴压比限值	0.4	0.5	0.6

注：墙肢轴压比是指重力荷载代表值作用下墙肢承受的轴向力设计值与墙肢的全截面面积和混凝土轴心抗压强度设计值乘积之比值。

（3）调整模型方法与技巧

轴压比不满足要求，对于柱子，一般增加柱子截面尺寸或提高混凝土强度等级，如果建筑不让柱子宽度增加，可以做成长与宽不同的矩形柱；对于剪力墙，标准层一般不增加墙厚，因为会影响功能使用，可以增加墙长；如果在底层架空层，除了增加墙长，也可以增加墙厚，增加墙厚能增强墙肢的稳定性。

2.2.6　刚度比

（1）概念

结构竖向刚度不均匀造成软弱层破坏。

（2）规范规定

《高规》3.5.2：抗震设计时，高层建筑相邻楼层的侧向刚度变化应符合下列规定：

1）对框架结构，楼层与其相邻上层的侧向刚度比 λ_1 可按式（2.2-5）计算，且本层与相邻上层的比值不宜小于 0.7，与相邻上部三层刚度平均值的比值不宜小于 0.8。

$$\lambda_1 = \frac{V_i \Delta_{i+1}}{V_{i+1} \Delta_i} \qquad (2.2-5)$$

式中　λ_1——楼层侧向刚度比；

V_i、V_{i+1}——第 i 层和 $i+1$ 层的地震剪力标准值（kN）；

Δ_i、Δ_{i+1}——第 i 层和 $i+1$ 层在地震作用标准值作用下的层间位移（m）。

2）对框架-剪力墙、板柱-剪力墙结构、剪力墙结构、框架-核心筒结构、筒中筒结构、楼层与其相邻上层的侧向刚度比 λ_2 可按式（2.2-6）计算，且本层与相邻上层的比值不宜小于 0.9；当本层层高大于相邻上层层高的 1.5 倍时，该比值不宜小于 1.1；对结构底部嵌固层，该比值不宜小于 1.5。

$$\lambda_2 = \frac{V_i \Delta_{i+1}}{V_{i+1} \Delta_i} \frac{h_i}{h_{i+1}} \tag{2.2-6}$$

式中 λ_2——考虑层高修正的楼层侧向刚度比。

《高规》5.3.7：高层建筑结构整体计算中，当地下室顶板作为上部结构嵌固部位时，地下一层与首层侧向刚度比不宜小于 2。

《高规》10.2.3：转换层上部结构与下部结构的侧向刚度变化应符合本规程附录 E 的规定。

当转换层设置在 1、2 层时，可近似采用转换层与其相邻上层结构的等效剪切刚度比 γ_{e1} 表示转换层上、下层结构刚度的变化，γ_{e1} 宜接近 1，非抗震设计时 γ_{e1} 不应小于 0.4，抗震设计时 γ_{e1} 不应小于 0.5。γ_{e1} 可按下列公式计算：

$$\gamma_{e1} = \frac{G_1 A_1}{G_2 A_2} \times \frac{h_2}{h_1} \tag{2.2-7}$$

$$A_i = A_{w,i} + \sum_j C_{i,j} A_{ci,j} \quad (i=1,2) \tag{2.2-8}$$

$$C_{i,j} = 2.5 \left(\frac{h_{ci,j}}{h_i} \right)^2 \quad (i=1,2) \tag{2.2-9}$$

式中 G_1、G_2——转换层和转换层上层的混凝土剪变模量；

A_1、A_2——转换层和转换层上层的折算抗剪截面面积；

$A_{w,j}$——第 i 层全部剪力墙在计算方向的有效截面面积（不包括翼缘面积）；

$A_{ci,j}$——第 i 层第 j 根柱的截面面积；

h_i——第 i 层的层高；

$h_{ci,j}$——第 i 层第 j 根柱沿计算方向的截面高度；

$C_{i,j}$——第 i 层第 j 根柱截面面积折算系数，当计算值大于 1 时取 1。

当转换层设置在第 2 层以上时，按本规程公式计算的转换层与其相邻上层的侧向刚度比不应小于 0.6。

当转换层设置在第 2 层以上时，尚宜采用本规程附录图 E 所示的计算模型按式（2.2-10）计算转换层下部结构与上部结构的等效侧向刚度比 γ_{e2}。γ_{e2} 宜接近 1，非抗震设计时 γ_{e2} 不应小于 0.5，抗震设计时 γ_{e2} 不应小于 0.8。

$$\gamma_{e2} = \frac{\Delta_2 H_1}{\Delta_1 H_2} \tag{2.2-10}$$

（3）调整模型方法与技巧

一般剪力墙贯通布置且层高相同，刚度比一般均满足要求；当层高有突变时，形成软弱层，软件自动将该楼层定义为软弱层，并按《高规》3.5.8 将该楼层地震剪力放大 1.25 倍，但对于竖向不规则、楼层抗剪承载力之比不满足要求的楼层不能自动判断为软弱层，需要设计人员手工指定，可用逗号或空格分隔楼层号。

2.2.7 受剪承载力比

（1）概念

结构受剪承载力不均匀造成薄弱层破坏。

（2）规范规定

《高规》3.5.3：A级高度高层建筑的楼层抗侧力结构的层间受剪承载力不宜小于其相邻上一层受剪承载力的80%，不应小于其相邻上一层受剪承载力的65%；B级高度高层建筑的楼层抗侧力结构的层间受剪承载力不应小于其相邻上一层受剪承载力的75%。

> 注：楼层抗侧力结构的层间受剪承载力是指在所考虑的水平地震作用方向上，该层全部柱、剪力墙、斜撑的受剪承载力之和。

（3）调整模型方法与技巧

可勾选"自动对层间受剪承载力突变形成的薄弱层放大调整"或"自动根据层间受剪承载力比值调整配筋至非薄弱"；如果放大系数过大或竖向钢筋配筋过大，楼层高形成薄弱层就适当加大该层及其以下的竖向构件截面，试算1～2次后满足规范要求。

2.2.8 剪重比

（1）概念

剪重比即最小地震剪力系数 λ（不考虑风荷载作用），主要是控制各楼层最小地震剪力，尤其是对于基本周期大于3.5s的结构，以及存在薄弱层的结构。

以调整结构布置提高侧向刚度来满足最小剪重比的要求是不合理的，会导致建筑抗震安全度过高和材料使用过度。首先，采用减轻结构重量的办法来使结构满足最小剪重比要求，或者采用适当减轻结构重量并同时适当放大楼层剪力系数的办法来使结构剪重比满足规范要求。当结构只有剪重比不满足规范要求时，应允许直接采用放大系数法调整地震剪力以满足要求，这样可以在结构质量、刚度和实际地震反应基本不变、结构材料用量增加不多的情况下，切实提高结构抗震能力和安全储备。

（2）规范规定

《抗规》5.2.5：抗震验算时，结构任一楼层的水平地震剪力应符合下式要求：

$$V_{eki} > \lambda \sum_{j=1}^{n} G_j \qquad (2.2\text{-}11)$$

式中　V_{eki}——第 i 层对应于水平地震作用标准值的楼层剪力；

　　　　λ——剪力系数，不应小于楼层最小地震剪力系数值，对竖向不规则结构的薄弱层，尚应乘以1.15的增大系数；

　　　　G_j——第 j 层的重力荷载代表值。

（3）调整模型方法与技巧

《超限高层建筑工程抗震设防专项审查技术要点》：基本周期大于6s的结构，计算的底部剪力系数比规定值低20%以内，基本周期3.5～5s的结构比规定值低15%以内，即可采用规范关于剪力系数最小值的规定进行设计。实际设计中，一般可放松15%，或者加大外围剪力墙墙长，提高其振型系数从而提高剪重比；也可以采用局部楼层或者整个楼层地震作用放大的方法，直接满足规范要求。

2.3 多层别墅结构布置实例解析

2.3.1 工程概况

某别墅，采用异形柱框架结构体系，主体地上 3 层，地下 1 层，建筑高度 10.525m。该项目抗震设防类别为丙类，建筑抗震设防烈度为 6 度，设计基本加速度值为 0.05g，设计地震分组为第一组，场地类别为 Ⅱ 类，设计特征周期为 0.35s，抗震等级为四级。

2.3.2 结构布置

该别墅左右对称，由于篇幅限制，仅取一半的结构平面布置图（图 2.3-1～图 2.3-14）。

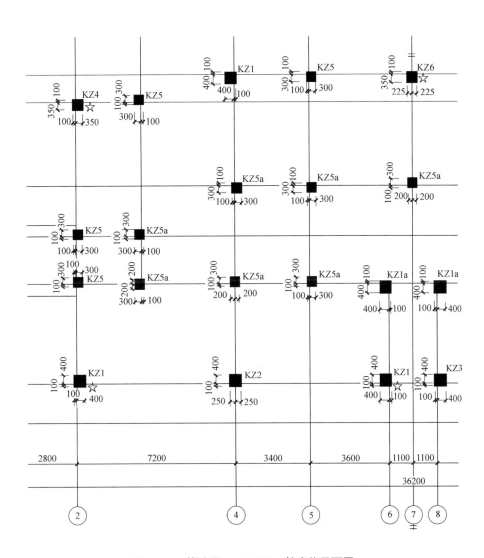

图 2.3-1 基础顶～－0.040m 柱定位平面图

注：该三层别墅带有一层地下室（地下室不宜采用异形柱），地上采用了 300mm×300mm 的柱及肢高 500mm 的异形柱，为了包住异形柱，对应的地下部分柱子截面宜取 500mm×500mm，别墅与塔楼外地下室相交的部位柱子截面一般不宜小于 500mm×500mm，为了接塔楼外地下室相交的梁。

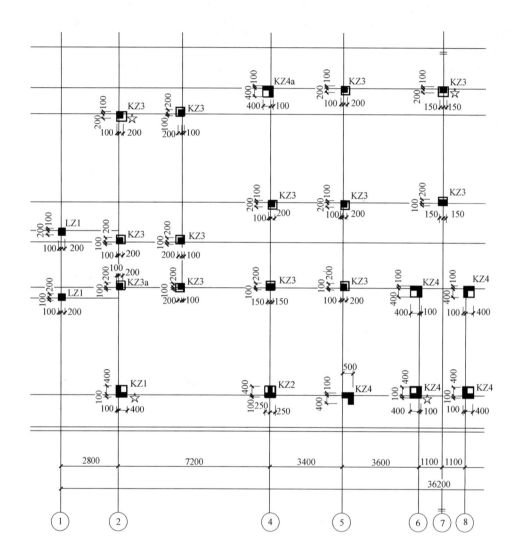

图 2.3-2　—0.040～屋面柱定位平面图

注：1. 最小柱子截面尺寸取 300mm×300mm，有些房间，比如卧室不宜露梁，采用异形柱，肢高取
500mm；对于 2～3 层的别墅，跨度不大，荷载不大，内部矩形柱子取 300mm×300mm 能满足
要求。

2. 由于首层变截面，应该把底层的柱线用虚线的形式表示出来，显示柱子的变化。

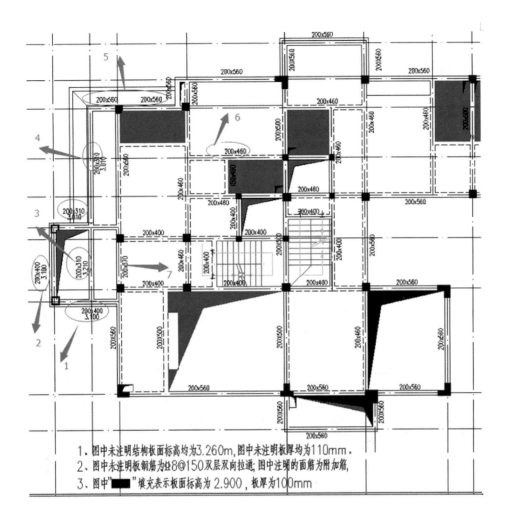

1、图中未注明结构板面标高均为3.260m，图中未注明板厚均为110mm；
2、图中未注明板钢筋为±8@150双层双向拉通，图中注明的面筋为附加筋；
3、图中"■"填充表示板面标高为2.900，板厚为100mm

图 2.3-3　二层结构平面布置图

注：1. 梁1、梁2可查看"图2.3-4　墙身大样-局部1"，梁高度可取400mm，则梁1顶标高为2.7+0.4＝3.100m，并且满足梁1与梁2可以互相搭接，梁1与其垂直相交的梁的高度查看"图2.3-4　墙身大样-局部1"：3.3−0.04−2.7＝0.56m，即截面尺寸为200mm×560mm。

2. 梁3可查看"图2.3-4　墙身大样-局部1"，梁高度可取3200（挡住覆土）−3010+120板厚＝310mm，梁顶标高为楼面标高3.200m。

3. 梁4可查看"图2.3-5　墙身大样-局部2"，梁高度可取150+150+10＝310mm，梁顶标高为楼面标高3.010m。

4. 梁5可查看"图2.3-6　墙身大样-局部3"，梁高度可取560mm（600mm−40面层），梁顶标高为楼面标高3.260m。

5. 梁7可查看"图2.3-4墙身大样-局部1"，梁高度可取3300−40−3010+120板厚＝370mm，梁顶标高为楼面标高3.260m。

6. 卫生间梁高可取460mm，如果隔墙为100mm厚且该梁偏向卫生间，则该梁可取410mm高，同时降标高50mm，并补充卫生间缺口梁大样（图2.3-7）。

7. 根据建筑立面图可知，二层梁高限值为560mm，外梁如果没有节点特殊要求，都取560mm，内部的梁高根据经验取值，一般不小于400mm，且不小于$L/12$。

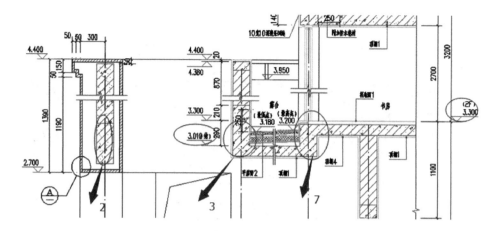

图 2.3-4　墙身大样-局部 1

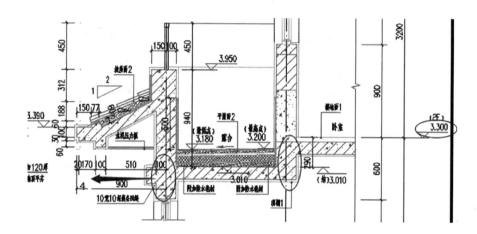

图 2.3-5　墙身大样-局部 2

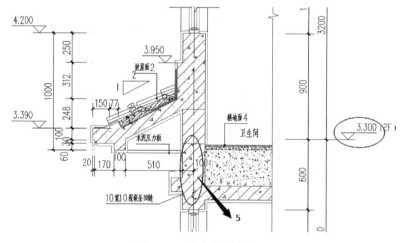

图 2.3-6　墙身大样-局部 3

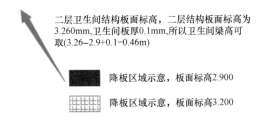

二层卫生间结构板面标高，二层结构板面标高为
3.260mm,卫生间板厚0.1mm,所以卫生间梁高可
取(3.26-2.9+0.1=0.46m)

■ 降板区域示意，板面标高2.900

▦ 降板区域示意，板面标高3.200

图 2.3-7 卫生间降板标高

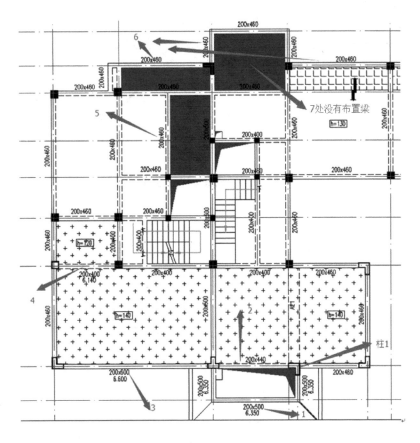

图 2.3-8 三层结构平面布置图

注：1. 梁 1 可查看"图 2.3-9 墙身大样-局部 3"，梁 1 是封口梁，与其两端的悬挑梁高度相同，取
500mm，则顶标高为 6140＋(500－290)＝6.350m。

2. 梁 2 可查看"图 2.3-9 墙身大样-局部 3"，梁高度取 440mm。

3. 梁 3 可查看"图 2.3-10 墙身大样-局部 4"，由于露台（平屋面 2）的板厚度取 140mm，梁高取
600mm，则梁顶标高为 6.600m。

4. 梁 4 顶标高与露台（平屋面 2）的顶标高相同，则梁 4 的顶标高为 6.140m。

5. 卫生间梁高可取 460mm，如果隔墙为 100mm 厚且该梁偏向卫生间，则该梁可取 410mm 高，同时
将标高 50mm，并补充卫生间缺口梁大样。

6. 根据建筑立面图可知道，三层梁高限值为 460mm，外梁如果没有节点特殊要求，都取 460mm，内
部的梁高根据经验取值，一般不小于 400mm，且不小于 $L/12$。

7. "7 处"由于降板，不应该设置梁。设置柱 1 是因为要给悬挑梁寻找一个可靠的支座关系。

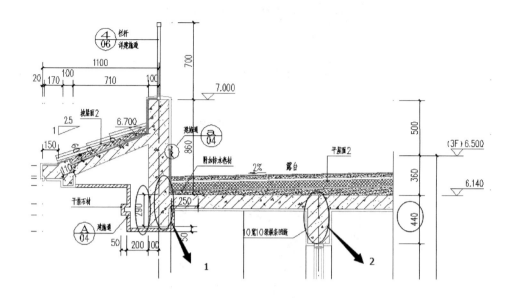

图 2.3-9　墙身大样-局部 3

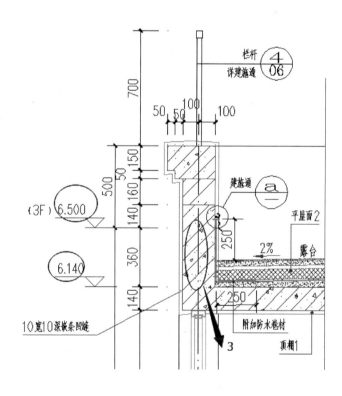

图 2.3-10　墙身大样-局部 4

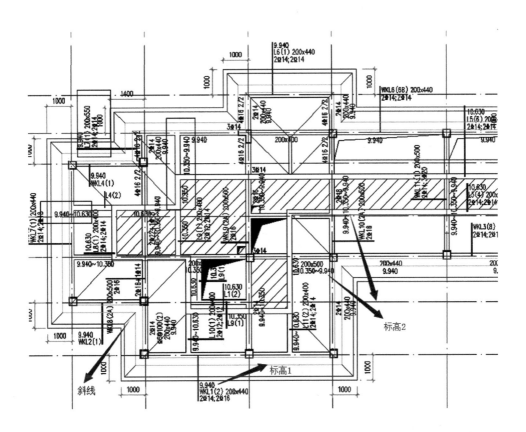

图 2.3-11 坡屋面结构平面布置图

注：1. 檐口处梁 1 的高度可直接在"图 2.3-12 墙身大样-局部 5"中量取，并不小于 $L/12$，梁 1 顶标高可取
9.940m，高度取 440mm；梁宽均取 200mm。檐口处的梁顶标高为 9.940m。

2. 梁 2 的高度可以直接量取，$0.280(10.630-10.350)+0.12$（板厚）$=0.4$m。

3. 斜线 1 表示折板，表示屋面局部是坡屋面，其顶标高不是一个定值。

4. 根据"图 2.3-12 墙身大样-局部 5"可知，斜屋面板及次梁或反梁顶标高均为 10.630m，图 2.3-11 中
很多斜次梁的标高为 9.940～10.630；阴影区的梁顶标高均为 10.3500m，则阴影区的主次梁顶标高均
为 10.350m，10.630m 的坡屋顶封边梁相当于支撑在 10.350m 主梁上的反梁。

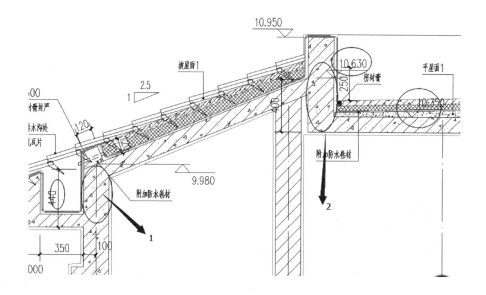

图 2.3-12　墙身大样-局部 5

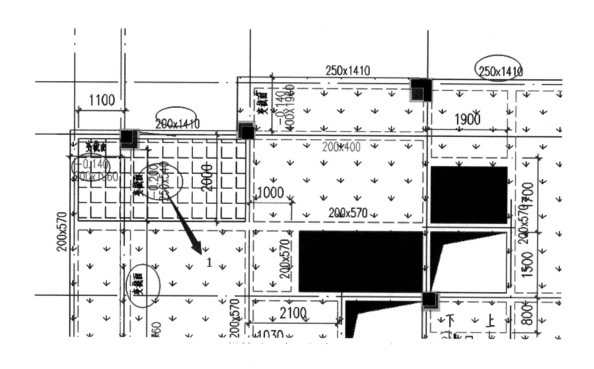

图 2.3-13　塔楼地下室顶板布置图（局部）

注：1. 塔楼地下室顶板外围的梁高为 1410mm＝1300（塔楼外地下室顶板标高）－140（降标高）＋250（板厚）。

　　2. 阴影区的梁高取 570mm，570mm＝550（塔楼内降板高度）－140（塔楼内填充面至 0.00 高度）＋160（塔楼内板厚）。

图中"⋯⋯"填充表示板面标高为 −0.140，板厚160mm，钢筋为ᵾ8@150双层双向拉通。

未填充的板表示板面标高为 −1.300，板厚均为250mm，未注明板钢筋为ᵾ10@150双层双向拉通；

图中"▦▦▦"填充表示板面标高为 −0.200，板厚160mm，钢筋为ᵾ8@150双层双向拉通

图中"▮▮▮"填充表示板面标高为 −0.550，板厚160mm，钢筋为ᵾ8@150双层双向拉通

图 2.3-14　塔楼地下室顶板布置图中图例（局部）

2.4　高层剪力墙住宅结构布置实例解析

2.4.1　工程概况

本工程为剪力墙住宅，主体地上 26 层，地下 1 层，建筑高度 77.05m。该项目抗震设防类别为丙类，建筑抗震设防烈度为 6 度，设计基本加速度值为 0.05g，设计地震分组为第一组，场地类别为 II 类，设计特征周期为 0.35s，剪力墙抗震等级为三级（地下室覆土为坡地，地下室顶板不作为嵌固端）。

2.4.2　结构布置

首层建筑平面图与标准层建筑平面图分别如图 2.4-1、图 2.4-2 所示，建筑立面如图 2.4-3 所示。

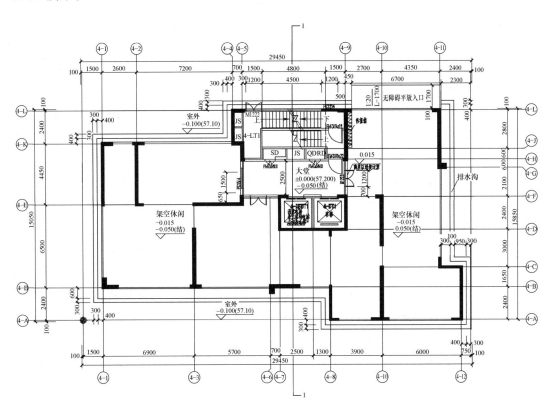

图 2.4-1　首层建筑平面图

33

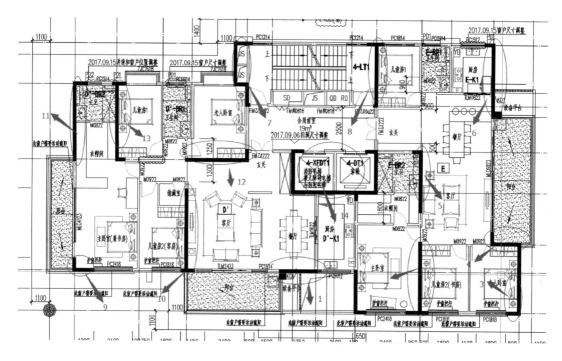

图 2.4-2 标准层建筑平面图

注：1. 墙 1 布置端柱，是因为要从其上悬挑出阳台悬挑梁，应给悬挑梁一个硬支座。一般布置 1700mm 长即可，但为了方便其附近的梁搭接，把墙 1 延长至梁搭接处。

2. 墙 2 翼缘一般布置 600mm（200mm 厚），如果沿着窗户满布，翼缘长度与 600mm 的差值小于等于 400mm，一般可以满布；本工程外墙（非受力）采用全混凝土外墙，故翼缘满布。墙 2 的长度为 4250mm，因为首层为架空层，层高比较高，稳定性不过时，可以加大墙厚，而标准层方便使用，不加大墙厚，一般加长墙长（减小竖向线荷载值，稳定性容易过点）。

3. 墙 3 和墙 4 合并，是因为墙肢稳定性不满足要求（单肢墙稳定和整体稳定都要满足要求）；墙 5 长度 3700mm，也是因为轴压比和稳定性不满足要求，其周边的板跨比较大，荷载比较大。

4. 墙 6 可以不布置那么长，但因为阳台的悬挑梁需要寻找支座关系，布置了 600mm×400mm 的端柱作为支座，如果该位置布置两片剪力墙（墙长大于等于 1700mm），隔离太近，不如拉成一片墙。

5. 墙 7 和墙 8 布置成长墙，也是因为轴压比、稳定性不满足要求，并且为了方便洞口处梁的搭接，且有较好的支座关系，所以拉到了洞口轴线处。

6. 墙 9 布置成短肢剪力墙，是因为建筑功能限制。在结构底部，由于稳定性与轴压比要求，把翼缘厚度变成了 400mm 厚，如图 2.4-4 所示。墙 1 布置成长墙，是因为两边板跨度太大，荷载大，稳定性与轴压比不满足要求。

7. 墙 11 布置成长墙，是因为从边梁上悬挑阳台不好，荷载太大。于是把剪力墙拉到阳台处，用连续梁作为阳台的支座。墙 12 本布置 1700mm 长即可，但为了方便梁搭接，梁不超筋（垂直相交的梁距墙边距离太近），最后拉到了该位置。墙 13 布置成长墙，作为阳台悬挑梁向内的支座，减小了梁的跨度，受力会更合理。

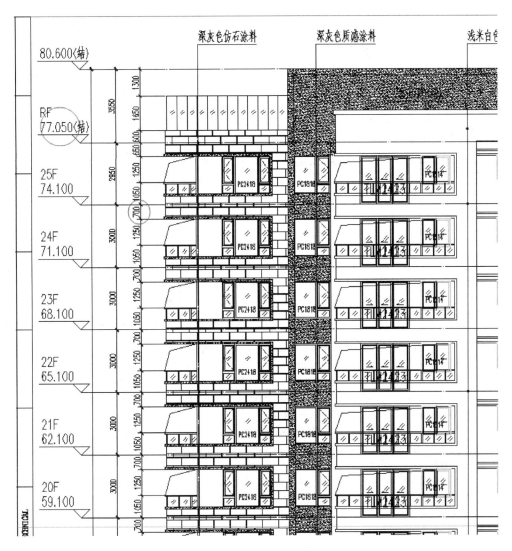

图 2.4-3 建筑立面图（局部）

注：从建筑立面图中，可知外边梁最大梁高限值取 650mm，飘窗处反梁做 1200mm（查节点大样）。塔楼范围
内地下室顶板标高取−0.05m（局部沉板走管），标准层模板如图 2.4-5 所示。

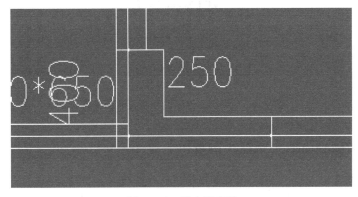

图 2.4-4 剪力墙布置

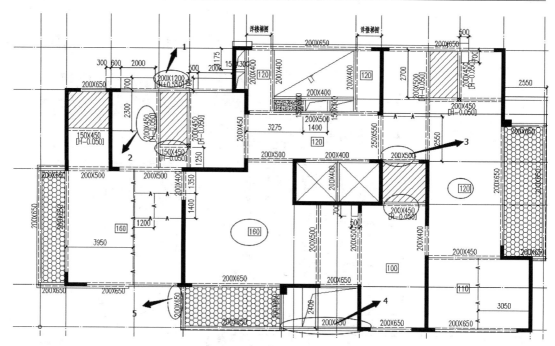

图 2.4-5　标准层结构平面布置图

注：1. 梁1是飘窗梁，一般参考节点，做1200mm高（550＋650）；卫生间处的梁2等，因为要把该梁露向卫生间，隔墙100mm厚，卫生间会有缺口梁节点（图2.4-6），所以梁2降标高50mm，卫生间结构沉板400mm，底板100mm厚，由于降板50mm，所以梁2最小高度取450mm。梁3也是卫生间处的梁，由于隔墙200mm厚，所以梁3没有降50mm标高。

2. 梁4拉起来，是建筑立面要求，也是为了给阳台封口梁找一个支座关系。梁5属于阳台封口梁，而且封口梁的高度一般和悬臂梁端部高度相同。封口梁的高度，应根据建筑立面确定，不同地产公司有不同的要求，有的要求不宜大于400mm。本项目取650mm。

3. 电梯井突出屋面部位，有的设计院要求按照屋面层上升上去，有的设计院习惯做翼缘长度500mm的异型柱（200mm厚），QZ箍筋加密。

4. 卫生间跨度比较小的梁截面宽度可以取150mm。

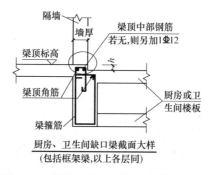

图 2.4-6　厨房、卫生间缺口梁截面大样

2.5　高层框架核心筒结构布置实例解析

2.5.1　工程概况

某44层框架-核心筒结构，主体地上44层，地下2层，建筑高度175.350m。该项目抗震设防类别为丙类，建筑抗震设防烈度为 6 度，设计基本加速度值为 0.05g，设计地震分组为第一组，场地类别为 Ⅱ 类，设计特征周期为 0.35s，框架抗震等级为二级，剪力墙抗震等级为二级。

2.5.2 结构布置

该框架-核心筒结构标准层平面布置如图 2.5-1 所示，屋面层平面布置如图 2.5-2 所示。

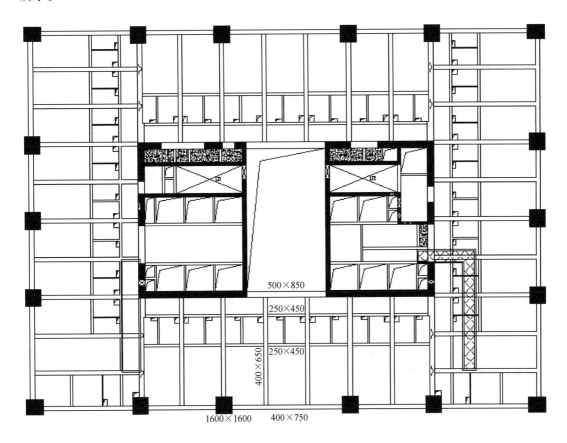

图 2.5-1 标准层平面布置图

（1）框架-核心筒内筒

在核心筒中布满剪力墙，核心筒四周剪力墙按轴压比要求加厚，电梯和楼梯分隔处 300mm 厚，电梯处及电梯分隔井 200mm 厚。经过设备专业的开洞，外墙和内墙均会被断成若干一般剪力墙，尽量保证墙长适中（4 倍墙厚＜墙长≤8m），且保证内筒薄墙与外筒厚墙相连。根据每段的轴压比适当增加或减少墙厚，墙厚由最大墙厚 700mm 每 5～8 层一直减少到 300mm 厚或 400mm 厚，混凝土强度 C60、C55、C50、C45、C40、C35 逐级降低，一般每 5～8 层变一次，并且混凝土强度等级与截面不要同时改变。

（2）框架-核心筒框架柱

核心筒或内筒的外墙与外框架柱间的中距小于等于 10～12m，框架柱之间的间距为 10m 左右。先采用 C60 混凝土等级（项目确定的最高强度等级）确定底层框架柱截面的

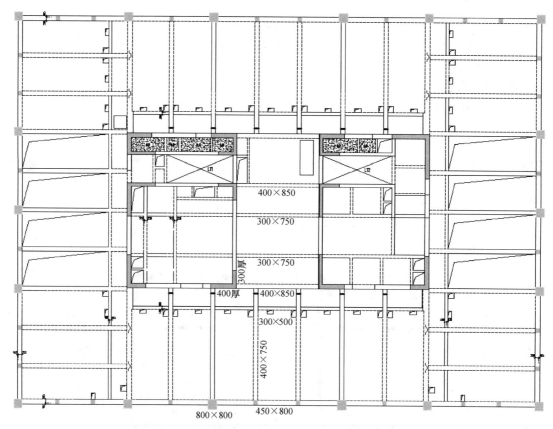

图 2.5-2 屋面层平面布置图

大小 1600mm×1600mm，以 100～200mm 为模块分段每 5～8 层缩小柱截面至 800mm，并逐级降低混凝土强度等级至 C35，并且混凝土强度等级与截面不要同时改变。同层柱轴压比有区别时，可将柱编成不同编号，且注意区别角柱和非角柱。

（3）梁布置

外框梁一般梁宽 400～450mm，最多配两排钢筋，通过查看配筋率调整梁截面尺寸，本工程外框梁截面为 400mm×750mm，剪力墙之间的连梁宽度同剪力墙厚度；划分大板的次梁截面取 400mm×650mm，小次梁取 250mm×450mm，内部次梁宽度一般做 200mm～300mm 宽，高度按跨度的 1/12～1/15 控制，最多配两排钢筋，通过查看配筋率调整梁截面尺寸。

有些地方 KL 支撑在剪力墙 LL 上，受力性能不好，可以支撑在剪力墙翼缘上，做斜梁。极个别的梁，在梁高受到建筑限制，不能再加高，且挠度不满足规范要求时，可以通过在梁平法施工图中，增加梁底筋等，使得挠度减小。本工程靠近核心筒处梁抗剪不易通过，于是局部加大梁宽。

（4）板布置

双向板按短跨的 1/40 取，小跨板厚度可以取 100mm，其他板厚不宜小于 120mm，核心筒周边的板厚不宜小于 120mm，一般为 120～130mm，已保证设备穿管线和加强核心筒整体性，传递水平剪力。核心筒周边的板及塔楼四个角部分板一般双层双向配筋加强。

2.6 高层框架-剪力墙结构布置实例解析

2.6.1 工程概况

湖南省××市某 12 层框架-剪力墙结构,主体地上 12 层,地下 1 层,建筑高度 49.900m。该项目抗震设防类别为乙类,抗震基本烈度为 6 度,本工程最大地震影响系数为 0.04(第一设防水准),抗震设防烈度为 7 度;设计基本加速度值为 0.05g,设计地震分组为第一组,场地类别为Ⅱ类,设计特征周期为 0.35s,框架抗震等级为三级,剪力墙抗震等级为二级,采用筏板基础。

2.6.2 结构布置

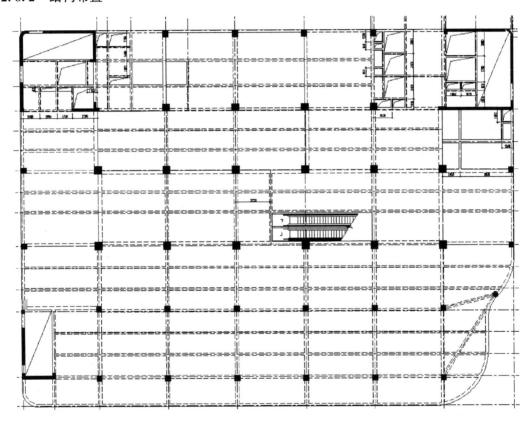

图 2.6-1 标准层平面布置图

注:1. 一个柱子四周的主梁一般不超过 5 根;

2. 楼梯间里面不应该有主梁伸过去;

3. 外围核心筒布置时,应考虑楼梯间的空间。

4. 本项目柱网尺寸为 8100mm×7500mm,X 方向的次梁及主梁截面为 300mm×500mm,Y 方向的主梁为 400mm×600mm,用单向次梁方案比较节省。

2.7 荷载

2.7.1 工程 1

(1)主要均布恒、活载(表 2.7-1)

主要均布恒、活载

表 2.7-1

结构部位		附加恒载(kPa)	活载(kPa)	备注
住宅	房、厅、餐厅	1.5	2.0	
	厨房	1.5	2.0	
	卫生间	7.0	2.5/4.0(带浴缸)	沉箱350mm回填(图中注明回填重度不大于20kN/m³);降板80mm时恒载取2.0
	阳台	1.5	2.5	覆土恒载另计
	户内楼梯间	7.0	2.0	两跑且休息平台无梯梁时(或梁不影响荷载传递路径时,例如剪力墙围合)可将板厚输为0,设定荷载传递方向;其余情况应按线荷载输入
	转换层	4.5	2.0	300mm陶粒混凝土垫层
公共区域	首层大堂	1.5	2.5	
	公共楼梯间	8.5	3.5	两跑且休息平台无梯梁时(或梁不影响荷载传递路径时,例如剪力墙围合)可将板厚输为0,设定荷载传递方向;其余情况应按线荷载输入
	走廊、门厅	1.5	2.0	住宅、幼儿园、旅馆
		1.5	2.5	办公、餐厅、医院门诊
		1.5	3.5	教学楼及其他人员密集时
	绿化层(屋顶花园)	覆土厚度+0.4	3.0	覆土按18kN/m³,覆土荷载与附加恒载不同时考虑
	露台	4.5	2.5	如考虑种植,覆土另算,活载3.0
	上人屋面	5.0	2.0	屋面做法按300mm厚考虑,混凝土找坡,应按具体情况修正附加恒载
	不上人屋面	5.0	0.5	屋面做法按300mm厚考虑,轻钢屋面活载0.7
	地下室顶板	覆土重+0.6 无覆土时取2.0	5.0	覆土按18kN/m³,覆土荷载与附加恒载不同时考虑,活荷载考虑施工荷载5kN/m²
	地下室底板	2.0	2.5	自承重底板、车库
	管道转换层	0.5	4.0	
	商业裙房首层板	2.5	5.0	覆土另算。活荷载考虑施工荷载5kN/m²
	垃圾站	1.5	3.5	站内承重大于10t
汽车通道及客车停车库	客车	2.0	4.0	单向板楼盖(板跨不小于2m)或双向板楼盖(板跨不小于3m);覆土厚度按1.2m考虑,单向板跨度按3m考虑,双向板跨度按4m考虑。消防车荷载按覆土厚度折减后应按应力扩散角(35°)确定消防车荷载实际作用范围
	消防车无覆土	2.0	35.0	
	消防车有覆土	覆土重+0.6	26.7(双向板) 29.5(单向板)	
	客车	2.0	2.5	双向板楼盖和无梁楼盖(板跨不小于6m×6m)消防车荷载按覆土厚度折减后应按应力扩散角(35°)确定消防车荷载实际作用范围
	消防车无覆土	2.0	20.0	
	消防车有覆土	覆土重+0.6	20.0	
	重型车道、车库	2.0	10	荷载由甲方确定

结构部位		附加恒载(kPa)	活载(kPa)	备注
商业	商铺	2.0	3.5	加层改造荷载另计
	餐厅、宴会厅	2.0	2.5	
	餐厅的厨房	1.5	4.0	厨房降板做地沟时,附加恒载取 20×回填高度+0.5
	储藏室	1.5	5.0	
	自由分隔的隔墙	按附加活荷载考虑		每延米墙重的 1/3 且不小于 1.0
设备区	轻型机房	2.0(机房按回填设计时,取 20×回填高度)	7.0	风机房、电梯机房、水泵房、空调配电房
	中型机房		8.0	制冷机房
	重型机房		10.0	变配电房、发电机房

注：1. 楼板自重均由程序自动计算,甲方要求楼板混凝土重度严格按 25kN/m³ 控制时,可相应减小附加恒载,如取 1.4。

2. 消防车荷载输入模型时可按照消防车道所占板面积比例进行折减。双向板楼盖板跨介于 3m×3m～6m×6m 之间时,按规范插值输入。消防车荷载不考虑裂缝控制。消防车荷载折减原则:计算板配筋不折减;单向板楼盖的主梁折减系数取 0.6,单向板楼盖的次梁和双向板楼盖的梁折减系数取 0.8;计算墙柱折减系数取 0.3;基础设计不考虑消防车荷载(消防车荷载按自定义工况-消防车输入)。

3. 板上固定隔墙荷载按板间线恒荷载输入后进行整体计算。

4. 施工活荷载不与使用活荷载及建筑装修荷载同时考虑。

5. 同一板块有阳台及卧室功能时,应按加权折算后的活荷载输入,不得直接输入 2.0(强条)。

（2）隔墙荷载（表 2.7-2）

本工程地上建筑采用全混凝土外墙,除剪力墙外,采用混凝土构造柱,重度 26kN/m³。200 厚荷载为 5.2kN/m²。卫生间隔墙选用页岩多孔砖（重度：13kN/m³）、内墙选用 A3.5（重度：8kN/m³）已考虑按 1.4 倍干重度计算（根据 JGJ/T 17—2008 第 4.0.8 条）。200 厚内隔墙面页岩多孔砖荷载为 3.6kN/m²、加气混凝土砌块荷载为 2.6kN/m²;100 厚内隔墙面页岩多孔砖荷载为 2.3kN/m²、加气混凝土砌块荷载为 1.8kN/m²。面荷载乘以高度（层高-梁高）后按线荷载输入。外墙有门窗洞口（飘窗除外）的,可按 0.7 倍折算。

隔墙荷载 表 2.7-2

层高	墙体类型	隔墙线荷载(kN/m)	
		无门窗洞口	有门窗洞口
3.15m	外墙 （5.2kN/m²）	13.3	9.3 或按长度折算
	200 厚内墙 （3.6kN/m²）	9.6	6.7 或按长度折算
	200 厚内墙 （2.8kN/m²）	7.5	5.2 或按长度折算
	100 厚墙体 （2.3kN/m²）	6.1	4.3 或按长度折算
	100 厚墙体 （1.8kN/m²）	4.8	3.5 或按长度折算

续表

层高	墙体类型	隔墙线荷载(kN/m)	
		无门窗洞口	有门窗洞口
3.0m	外墙 (5.2kN/m²)	12.5	8.8 或按长度折算
	200厚内墙 (3.6kN/m²)	9.0	6.3 或按长度折算
	200厚内墙 (2.8kN/m²)	7.0	5.0 或按长度折算
	100厚墙体 (2.3kN/m²)	5.8	4.0 或按长度折算
	100厚墙体 (1.8kN/m²)	4.5	3.2 或按长度折算
备注	1. 其他层高隔墙荷载可按面荷载×(层高−梁高)自行计算;(取一位小数,四舍五入) 2. 梁高按500高考虑		

（3）其他线荷载（表 2.7-3）

其他线荷载　　　　表 2.7-3

荷载类别	线荷载(kN/m)	备 注
灰砂砖 (100/200,$h=1$m)	2.6/4.4	kN/m/每米墙高
页岩多孔砖 (200,$h=1$m)	3.6	kN/m/每米墙高,砌块重度≤11kN/m³,砌体重度取13kN/m³
悬挑600mm凸窗	10	双层挑板凸窗,上翻450mm。有侧板时,每个侧板增加2.5
玻璃阳台栏杆	3.0	混凝土栏杆按实计算,请留意阳台转角处是否有砖柱集中荷载
推拉门	5.0	适用于标准层(3.0m以下层高)。其他楼层按1kN/m²×层高计算
玻璃窗	3.0	通高窗,适用于标准层(3.0m以下层高)。其他楼层按1kN/m²×层高计算
玻璃幕外墙	4.5	适用于标准层(3.0m以下层高)。其他楼层按1.5kN/m²×层高计算
女儿墙	7.0	适用于高度1.5m以内的150mm混凝土女儿墙
楼梯	根据具体情况采用	楼层标高平台梁板应按实际建入模型计算,休息平台梯梁按虚梁建模(两端铰接),休息平台梁荷载按7.5kN/m附加到楼层梁上,梁上输入线荷载;楼层梁、休息平台梯梁和楼层梁之间楼板按开洞输入。一个层高范围内大于两跑时,荷载应比例增大,楼梯荷载输入均应符合实际情况

注：梁内侧无楼板,而外侧支承悬挑板或挑梁时,应将梁所承受的实际扭矩输入模型进行计算和配筋,且该梁的扭矩折减系数应取为1.0。注意屋顶剪力墙上女儿墙荷载不得遗漏。

（4）节点荷载（表 2.7-4）

节点荷载   表 2.7-4

荷载类别	荷载(kN)	备　注
电梯挂钩荷载	30	作用在机房顶吊钩梁中间
电梯动荷载	125	作用在机房层电梯正、背面的梁(或墙)中间

2.7.2　工程 2

1. 荷载取值 G

混凝土重度取值 $25kN/m^3$，楼板自重考虑程序自动计算。

剪力墙应考虑抹灰荷载输入线荷载，线荷载值：$20×0.04×H$（层高）kN/m。

（1）楼面荷载

1）地下室顶板：　　　　一层室外部分

顶板防水找坡覆土共厚 1.2m（根据实际情况确定）　　　　　　　$1.2×20＝24kN/m^2$

顶粉＋管线　　　　　　　　　　　　　　　　　　　　　　$1.00kN/m^2$

$q＝25kN/m^2$

2）花岗石楼面：　　　　一层室内部分

15mm 厚花岗石　　　　　　　　　　　　　　　　　$0.015×28＝0.42kN/m^2$

20mm 厚水泥砂浆结合层　　　　　　　　　　　　　　$0.02×20＝0.4kN/m^2$

20mm 厚 1：3 水泥砂浆找平层　　　　　　　　　　　$0.02×20＝0.4kN/m^2$

水泥砂浆一道　　　　　　　　　　　　　　　　　　　　　$0.01kN/m^2$

顶粉＋管线　　　　　　　　　　　　　　　　　　　　　　$1.0kN/m^2$

取 $q＝2.2kN/m^2$

3）花岗石楼面：　　　　标准层门厅、电梯厅

15mm 厚花岗石　　　　　　　　　　　　　　　　　$0.015×28＝0.42kN/m^2$

20mm 厚水泥砂浆结合层　　　　　　　　　　　　　　$0.02×20＝0.4kN/m^2$

20mm 厚 1：3 水泥砂浆找平层　　　　　　　　　　　$0.02×20＝0.4kN/m^2$

水泥砂浆一道　　　　　　　　　　　　　　　　　　　　　$0.01kN/m^2$

顶棚或顶粉　　　　　　　　　　　　　　　　　　　　　　$0.5kN/m^2$

取 $q＝1.7kN/m^2$

4）地砖楼面：住宅客厅、卧室、室内过道（厨房：$1.5＋0.1～0.2＝1.6～1.7kN/m^2$）

8 厚防滑地砖　　　　　　　　　　　　　　　　　　$0.008×24＝0.20kN/m^2$

20mm 厚水泥砂浆结合层　　　　　　　　　　　　　　$0.02×20＝0.4kN/m^2$

20mm 厚 1：3 水泥砂浆找平层　　　　　　　　　　　$0.02×20＝0.4kN/m^2$

水泥砂浆一道　　　　　　　　　　　　　　　　　　　　　$0.01kN/m^2$

顶棚或顶粉　　　　　　　　　　　　　　　　　　　　　　$0.5kN/m^2$

取 $q＝1.50kN/m^2$

5）水泥豆石楼面：　　疏散楼梯间，设备用房

30mm 厚水泥豆石压实赶光　　　　　　　　　0.03×20＝0.6kN/m²

20mm 厚 1∶3 水泥砂浆找平层　　　　　　　　0.02×20＝0.4kN/m²

水泥砂浆一道　　　　　　　　　　　　　　　　0.01kN/m²

顶棚或顶粉　　　　　　　　　　　　　　　　　0.5kN/m²

取 $q=1.5kN/m^2$

6）防滑地砖楼面：　　卫生间（同层排水）

8 厚防滑地砖　　　　　　　　　　　　　　0.008×24＝0.2kN/m²

2 厚水泥类防水涂层　　　　　　　　　　　　　0.02kN/m²

30mm 厚 1∶3 水泥砂浆找坡层　　　　　　　　0.02×20＝0.6kN/m²

水泥砂浆一道　　　　　　　　　　　　　　　　0.01kN/m²

20mm 厚水泥砂浆结合层　　　　　　　　　　0.02×20＝0.4kN/m²

顶棚或顶粉　　　　　　　　　　　　　　　　　0.5kN/m²

350mm 厚炉渣回填（根据实际厚度计算）　　　　4.90kN/m²

如是高出地面的蹲便，则是：降板回填厚度×14＋蹲便折算荷载 1.5

取 6.7kN/m²

7）地砖楼面：　　商铺

水泥砂浆一道　　　　　　　　　　　　　　　　0.01kN/m²

20mm 厚 1∶3 水泥砂浆找平层　　　　　　　　0.02×20＝0.4kN/m²

20mm 厚水泥砂浆结合层　　　　　　　　　　0.02×20＝0.4kN/m²

8 厚防滑地砖　　　　　　　　　　　　　　0.008×24＝0.2kN/m²

顶粉＋管线　　　　　　　　　　　　　　　　　1.0kN/m²

$q=2.0kN/m^2$

（2）屋面荷载

1）保温上人屋面（根据找坡长度关系选荷载）

8mm 厚防滑面砖　　　　　　　　　　　　0.008×24＝0.20kN/m²

30mm 厚 1∶2 水泥砂浆结合层　　　　　　　　0.02×30＝0.6kN/m²

4mm 厚 SBS 聚酯防水　　　　　　　　　　　　0.06kN/m²

冷底子油两道　　　　　　　　　　　　　　　　0.02kN/m²

20mm 厚 1∶2 水泥砂浆找平层　　　　　　　　0.02×20＝0.4kN/m²

30 厚聚苯保温板　　　　　　　　　　　　　0.03×6＝0.18kN/m²

水泥蛭石找坡 2％，最薄处 30mm（按建筑屋面找坡长度计算）

坡长 8m　14×(8×2％＋0.03×2)/2＝1.54kN/m²

坡长 10m　14×(10×2％＋0.03×2)/2＝1.82kN/m²

坡长 13m　14×(13×2％＋0.03×2)/2＝2.24kN/m²

2mm 克水宁涂膜防水层：　　　　　　　　　　　0.05kN/m²

20mm 厚 1：3 水泥砂浆找平层：	$0.02 \times 20 = 0.4 \text{kN/m}^2$
顶棚或顶粉	0.3kN/m^2
风管 设备管线	0.5kN/m^2

取 $q_1 = 4.2 \text{kN/m}^2$，$q_2 = 4.5 \text{kN/m}^2$，$q_3 = 5.0 \text{kN/m}^2$，无风管减 0.3kN/m^2

2）保温非上人屋面

40mm 厚 C20 刚性防水层	$0.02 \times 40 = 0.8 \text{kN/m}^2$
4mm 厚 SBS 聚酯防水	0.06kN/m^2
冷底子油两道	0.02kN/m^2
20mm 厚 1：2 水泥砂浆找平层	$0.02 \times 20 = 0.4 \text{kN/m}^2$
30 厚聚苯保温板	$0.03 \times 6 = 0.18 \text{kN/m}^2$

水泥蛭石找坡 2%，最薄处 30mm（按建筑屋面找坡长度计算）

坡长 8m　$14 \times (8 \times 2\% + 0.03 \times 2)/2 = 1.54 \text{kN/m}^2$

坡长 10m　$14 \times (10 \times 2\% + 0.03 \times 2)/2 = 1.82 \text{kN/m}^2$

坡长 13m　$14 \times (13 \times 2\% + 0.03 \times 2)/2 = 2.24 \text{kN/m}^2$

2mm 克水宁涂膜防水层	0.05kN/m^2
20mm 厚 1：3 水泥砂浆找平层	$0.02 \times 20 = 0.4 \text{kN/m}^2$
顶棚或顶粉	0.3kN/m^2
风管 设备管线	0.5kN/m^2

取 $q_1 = 4.2 \text{kN/m}^2$，$q_2 = 4.5 \text{kN/m}^3$，$q_3 = 5.0 \text{kN/m}^2$，无风管减 0.3kN/m^2

（3）墙体荷载

1）用页岩多孔砖重度应小于 16.0kN/m^3

① 外墙 200mm 页岩多孔砖：$16 \times 0.2 + 1.6 = 4.8 \text{kN/m}^2$（干挂石材或贴面砖）；

② 厨、卫内隔墙 100mm 页岩多孔砖：$16 \times 0.1 + 1.2 = 2.8 \text{kN/m}^2$（单面贴面砖）；

③ 厨、卫内隔墙 100mm 页岩多孔砖：$16 \times 0.1 + 1.6 = 3.2 \text{kN/m}^2$（双面贴面砖）；

④ 厨、卫内隔墙 200mm 页岩多孔砖：$16 \times 0.2 + 1.2 = 4.4 \text{kN/m}^2$（单面贴面砖）；

⑤ 厨、卫内隔墙 200mm 页岩多孔砖：$16 \times 0.2 + 1.6 = 4.8 \text{kN/m}^2$（双面贴面砖）；

2）用页岩空心砖容重应小于 10.0kN/m^3

① 内隔墙 200mm 页岩空心砖：$10 \times 0.2 + 0.8 = 2.8 \text{kN/m}^2$；

② 内隔墙 100mm 页岩空心砖：$10 \times 0.1 + 0.8 = 1.8 \text{kN/m}^2$；

3）电梯间及楼梯间墙：$16 \times 0.20 + 0.8 = 4.0 \text{kN/m}^2$

4）玻璃幕墙：1.5kN/m^2

5）门窗：0.5kN/m^2

6）外围白叶：0.3kN/m^2

7）阳台栏板：6（砖砌）；3（玻璃或金属栏板）；或按照实际计算

外墙 q 外＝上述×（H－外围梁高）；外围梁高根据工程定。

内墙 q 内＝上述×（H－次梁梁高）；次梁梁高根据工程定。

针对住宅剪力墙结构：

外墙通窗（客厅出阳台位置）：q 外 $\times$（H－门高－梁高）+门高$\times$1.5

外墙凸窗：（1.8m$\times$2.0m）

  混凝土侧板 $0.1\times0.6\times3\times25+0.04\times0.6\times3\times20=5.94$kN

  窗台板（双层）$0.1\times0.6\times25\times2+0.03\times0.6\times20\times2=3.72$kN/m

  玻璃窗 $0.4\times2=0.8$kN/m

如凸窗位置不是深梁，应考虑上翻混凝土梁荷载：（$0.2\times25+0.8$）$\times0.5=2.9$kN/m

凸窗线荷载：

单侧板 $5.94/1.8+3.72+0.8+2.9=10.72$kN/m

双侧板 $2\times5.94/1.8+3.72+0.8+2.9=14.02$kN/m

如凸窗为单侧板可直接输入 12.0kN/m；为双侧板输入 15.2kN/m（考虑凸窗位置的活荷载）

住宅隔墙荷载的注意事项：

1. 考虑用户后期改变墙体的可能，主要针对外围的墙，每个工程根据实际情况考虑。如阳台两侧的封堵、屋顶小屋面的封堵、甲方默许的偷面积封堵等。

2. 外围凸窗及空调挑板的输入：可以按照悬挑板或虚梁输入，建议采用虚梁输入（不易遗漏）。

3. 当建筑局部有斜屋面时，此处斜屋面下的墙体荷载取平均值计入。

学校隔墙荷载的注意事项：

1. 教室的横墙，应至少按照外墙荷载输入（考虑挂黑板、投影器材以及相应设备）或按照实际输入。

2. 当有讲台时，讲台荷载按 200 厚填土或填砖算至相邻的梁上。同时该块板配筋应按 5.6kN/m^2 的活载计算板配筋。

公共建筑隔墙荷载的注意事项：

1. 外围带幕墙的外墙荷载，应与幕墙单位配合，按照幕墙单位提供荷载输入。

前期设计时，可按照 $q=1.5\sim4.5$（层高越高，取大值）kN/m$^2\times H$ 层高。

2. 扶梯荷载，应按照扶梯厂家提供的荷载输入。

前期设计时，单层扶梯的支座处按照活荷载 $q=60$kN/m 输入，两层按 $q=100$kN/m 输入。

（4）楼梯荷载

楼梯踏步重：$25\times0.5\times0.166=2.1$

斜板 100（120）[150] 重：$25\times0.1(0.12)[0.15]/\cos32.8=3.0(3.6)[4.5]$

面层：$1.0\times(0.166+0.26)/0.26=1.64$

底粉：$0.5/\cos32.8°=0.60$

$q=7.4(8.0)[8.9]$kN/m^2

取 $q=9.0$kN/m^2

注意：一般三、四跑梯面荷载分别是两跑梯面荷载的 1.5 倍、2 倍；起跑处有楼板还应加该楼板面荷载；

对多跑楼梯、吊柱楼梯、异形楼梯按实际情况输入恒、活载。

（5）装配式荷载计算

一般选择：叠合板、梁以及楼梯和建筑内外墙做预制。对结构荷载的影响如下考虑：

叠合板

楼层范围：结构 2 层～结构大屋面下一层（大屋面及以上小屋面不做）。

结构平面图中：仅卫生间、空调板、个别小板可以板厚 100mm，其余楼板都考虑至少做到 60（预制）＋70（现浇）＝130mm 厚度，个别房间大板可 70＋70＝140mm。

预制外挂墙板

楼层范围：结构 2 层～结构大屋面。

预制外墙板做法：

厚度为 160mm；外叶 60mm（混凝土）＋保温层 50mm（XPS）＋内叶 50mm（混凝土）

其中：XPS 保温板就是挤塑式聚苯乙烯隔热保温板。

荷载按照 140mm 混凝土清理，不再考虑抹灰、保温、干挂石材或贴面砖（原外墙已有）。

$q_{挂}＝25×0.14＝3.5kN/m^2$。

平面范围：周边所有外墙处：线荷载 $q_1＝q_{挂}×H$ 层高（不减梁高），凸窗、阳台通窗处：线荷载 $q_2＝q_{挂}×$ 梁高。

预制内墙（200 厚度隔墙才考虑）

楼层范围：结构 2 层～结构大屋面。

预制内墙板做法：

厚度为 200mm：60mm（混凝土）＋保温层 80mm（XPS）＋60mm（混凝土）

其中：XPS 保温板就是挤塑式聚苯乙烯隔热保温板。

荷载按照 150mm 混凝土清理，不再考虑抹灰，仅考虑贴砖。

$q_{内}$：

厨、卫内隔墙 200mm 页岩多孔砖：$25×0.15＋0.4＝4.15kN/m^2$（单面贴面砖）；

厨、卫内隔墙 200mm 页岩多孔砖：$25×0.15＋0.8＝4.55kN/m^2$（双面贴面砖）；

一般内隔墙 200mm 页岩空心砖：$25×0.15＝3.75kN/m^2$

线荷载 $q＝q_{内}×（H-$ 次梁梁高）

2. 荷载取值 Q

（1）一般常用荷载

卫生间：$2.5kN/m^2$，带浴缸卫生间：$4.0kN/m^2$

阳台：$2.5kN/m^2$；花园阳台，景观阳台：$4.0kN/m^2$

商业：$3.5kN/m^2$；厨房：$4.0kN/m^2$；食堂、餐厅：$2.5kN/m^2$

大空间办公室：$2.0＋1.0$（灵活隔墙）$＝3.0kN/m^2$

会议室，值班室：$2.0kN/m^2$

门厅、电梯前室、楼梯间：$3.5kN/m^2$

地下车库，活动室：$4.0kN/m^2$

库房，储藏室：$5.0kN/m^2$

通风机房，电梯机房：$7.0kN/m^2$

变配电房：15kN/m²，柴油机房：20kN/m²，水泵房：15.0kN/m²

制冷机房：8.0kN/m²

消防控制室：8.0kN/m²

弱电机房：7.0kN/m²

地下室顶板室外：5.0kN/m²（有施工要求的另算）

消防通道：根据覆土厚度计算确定

屋顶花园：3.0kN/m²

不上人屋面：0.5kN/m²

上人屋面：2.0kN/m²

（2）学校常用荷载

教室 2.5kN/m²，阶梯教室 3.0kN/m²

办公室、休息室、阅览室、宿舍 2.0kN/m²

计算机教室、计算机辅助室 3.5kN/m²，大中型电子计算机房≥5kN/m²

语音资料室、实验室、实训室、数据中心、监控管理中心、研发部、研究院、展示室、创新平台、策划室、自习室、运营室、拍摄室、展览馆 3.5kN/m²

或根据甲方提供的实际要求确定荷载。

新书展示区、工具书室、档案室、储藏室 5.0kN/m²

书库 5.0～7.0kN/m²、密集柜书库 12kN/m²

2.7.3 工程 3（医院）

屋面及楼面均布活荷载标准值见表 2.7-5，梁间恒载标准值见表 2.7-6。

屋面及楼面均布活荷载标准值（kN/m²） 表 2.7-5

类 别		活荷载标准值（kN/m²）	组合值系数 ψ_c	频遇值系数 ψ_f	准永久值系数 ψ_q
屋面	混凝土不上人屋面	0.5	0.7	0.5	0
	混凝土上人屋面	2.0	0.7	0.5	0.4
楼面	会议室、阅览室	2.0	0.7	0.6	0.4
	厨房	4.0	0.7	0.7	0.7
	学术交流中心(报告厅)、活动室	3.5	0.7	0.5	0.3
	诊室	2.0	0.7	0.6	0.5
	餐厅、卫生间、浴室、更衣室	2.5	0.7	0.6	0.5
	地下车库	4.0	0.7	0.7	0.6
	阳台、走廊	2.5	0.7	0.6	0.5
	洗衣房	3.0	0.7	0.6	0.5
	绿化平台、屋顶绿化	3.0	0.7	0.6	0.5
	维修间、贮藏室、库房、清洗区、灭菌区、整理打包区	5.0	0.9	0.9	0.8
	空调、排烟、新风、电梯机房、MUI机房、CT机房、辅助机房、信息机房	7.0	0.9	0.9	0.8

续表

类　别		活荷载标准值（kN/m²）	组合值系数 ψ_c	频遇值系数 ψ_f	准永久值系数 ψ_q
楼面	净化机房、MRI 机房、洁净机房、水处理间、变配电房、制冷机房、水泵房	10.0	0.9	0.9	0.8
	锅炉房、发电机房	15.0	0.9	0.9	0.8
	直升机停机坪	10.0	0.7	0.6	0
	会议室、办公、病房	2.0	0.7	0.5	0.4
	生化实验室	5.0	0.7	0.6	0.7
	诊室、胎心监护、宫腔镜、LEEP刀、激光室、阴道镜、心电图、肌电图、鼻内镜、喉镜	2.0	0.7	0.6	0.5
	一般治疗室、示教室	2.5	0.7	0.6	0.5
	X 光室	4.0	0.7	0.6	0.5
	X 光存片室、病案室	5.0	0.7	0.6	0.8
	B超、彩超室、胃镜、肠镜	2.5	0.7	0.6	0.5
	口腔科	4.0	0.7	0.6	0.8
	检验科中心化验、病理科（脱水、包埋、细胞制作、染色室、穿刺细胞、免疫阻化）	3.0	0.7	0.6	0.8
	消毒室、肠镜清洗间、胃镜清洗间	6.0	0.7	0.6	0.8
	污洗间	5.0	0.7	0.6	0.5
	手术室、人流室、ERCP	3.0	0.7	0.6	0.5
	麻醉室	2.0	0.7	0.6	0.5
	产房	2.5	0.7	0.6	0.5
	血库、药房、试剂库	5.0	0.9	0.9	0.8
	CT、DR、DSA 检查室	6.5	0.9	0.9	0.8
	UPS	16	0.9	0.9	0.8
	ICU 中心	3.5	0.7	0.6	0.5
	核磁共振检查室（MRI）	8.0	0.9	0.9	0.8
	人流密集的走廊、门厅、楼梯间、前室、候诊厅	3.5	0.7	0.5	0.3

注：1. 重大设备按实际荷载计算。
　　2. 其他未列项见国家现行标准、规范、规程。
　　3. 地下室顶板考虑消防车，消防车荷载：单向板楼盖且板跨≥2m 为 35kN/m²，双向板楼盖且板跨≥6m×6m 和无梁楼盖且柱网≥6m×6m 为 20kN/m²；
　　　覆土处按 35°扩散角考虑折减，具体按院标计算表格取值；如对于板跨3m的双向板，覆土1.2m时，算板时消防车活荷载取25.9，算梁时消防车活荷载取20.7；覆土1.5m时，算板时消防车活荷载取22.5，算梁柱时消防车活荷载取18；
　　　计算基础时不考虑消防车荷载。
　　4. 各单体一层（考虑施工荷载）：5.0kN/m²。

梁间恒载标准值   表 2.7-6

墙体部位			墙体材料	计算重度 （kN/m³）	恒荷载标准值 （kN/m²）
地上	外墙	地面以上外墙	200 厚页岩多孔砖	16.4	4.3
		玻璃幕墙	玻璃幕墙		1.5
	内墙	楼梯间隔墙	200 厚页岩多孔砖	16.4	4.3
		电梯井、厨房、卫生间隔墙	200 厚页岩多孔砖	16.4	4.3
		200 厚管道井隔墙	200 厚页岩多孔砖	16.4	4.3
		其他 200 厚隔墙	200 厚页岩多孔砖	16.4	4.3
地下室	外墙	地下室外墙	钢筋混凝土	26	26×墙厚
	内墙	设备房、卫生间、管井、楼梯	200 厚页岩多孔砖	16.4	4.3
		医技、办公等其他房间隔墙	200 厚页岩多孔砖	16.4	4.3
		防辐射房间隔墙	240 页岩实心砖	18	5.3
			370 页岩实心砖	18	7.7

注：计算梁上线荷载时扣除梁高，外窗线荷载应折减；开窗墙段按满墙的 0.8 倍折减。

其他：

屋面及楼面恒荷载取值（kN/m²）

地下室底板：4.0；

地下室顶板：按实际覆土厚度 h×18，无覆土时，取 2.0；

地上一般楼面：2.0；

住院楼病房和办公等不吊顶的房间：1.5；

其他需吊顶的一般楼面：2.0；

楼梯间（板厚输 0）：按折算板厚 h×25 ＋1.5（折算装修荷载）；

如：对于 280×160 踏步，梯板厚 150～160mm 时，荷载约为 8.0。

厨房、卫生间：回填材料重度按 20kN/m³ 计算；

配电房回填材料重度按 20kN/m³ 计算；

外走道及阳台：2.0；

混凝土屋顶：4.0；

种植屋面（覆土厚度 0.6m，覆土重度按 18kN/m³）：4＋18×0.6＝14.8；

具体荷载取值按建筑作业图要求计算。

3 地下室顶板实例解析

3.1 井字梁实例解析

3.1.1 工程概况

某小区，塔楼有18栋，一层地下室，结构形式为框架结构，采用井字梁，抗震设防烈度6度，设计基本地震加速度0.05g，设计地震分组为第一组，设计使用年限为50年。建设场地Ⅱ类，特征周期值为0.35s，非塔楼周边3跨的框架抗震等级为四级，塔楼周围（塔楼＋三跨）的抗震等级随主楼，基本风压值为0.35kN/m²，基本雪压值为0.45kN/m²。本项目总面积75828m²，其中人防面积16195m²；覆土1.5m，顶板标高为−1.8m，底板建筑面标高−5.700m，底板结构顶面标高−5.900m，室外标高−0.300m，柱网8.1m×8.1m。

底板、独立基础、外墙、顶板、梁及柱子等混凝土强度等级均为C35，由于篇幅限制，本节以4×4跨的8.1m×8.1m柱网试算，最后用试算得出的数据去设计大的地下室。

3.1.2 截面尺寸

室外地下室顶板：出于防水考虑取250mm（有些省份地下室顶板最小厚度为200mm，具体工程时应与当地审图部分进行沟通）；经过建模试算，非消防车及扑救场地范围主梁450×900，次梁300×650；消防车及扑救场地范围主梁450×1000，次梁300×700，由于消防车及扑救场地范围形状复杂，为了方便建模，主梁统一取450×1000，次梁300×700，与塔楼端柱相连的次梁由于抗弯超筋，可以取400×700～450×900；一些风井口处的小次梁取250×500；一些算不过的主梁截面取（500～550）×1000，支撑门廊柱子（400×400）的次梁截面可取450×700，跨度比较短的主梁截面可取400×800。

3.1.3 结构布置

1. 规则布置（图3.1-1）

2. 塔楼周边布置

塔楼周边布置时（图3.1-2、图3.1-3），不同的设计院有不同的规定，有些设计院规定少布置异形板，尤其是形成阳角（大于180°），有的设计院经过"理正试算"后，对于250mm厚顶板，裂缝值其实不大，可以布置异形板；有的设计院规定每个塔楼外翼缘都要拉梁，而有的设计院认为，只要主梁之间的距离在5～8m，每个塔楼外翼缘不必都要拉梁；在实际设计中，一般遵循以下几个原则：

（1）柱子两个方向应该都布置主梁，满足力的平衡关系，在塔楼周边时，主梁应该以"就近"原则布置在剪力墙的翼缘上，并且剪力墙翼缘上布置端柱；当有些主梁跨度比较小，比如小于3m，为了钢筋锚固，也要设置端柱。

（2）为了方便钢筋施工，一般主梁及次梁能够直线布置就直线布置，当形成小板时，由于板厚250mm，次梁可以在形成小板的范围内不延伸下来，让此板的面积比较大。

（3）尽量让每个翼缘上都布置主梁或次梁，如果布置次梁会让板比较小，可以在此翼

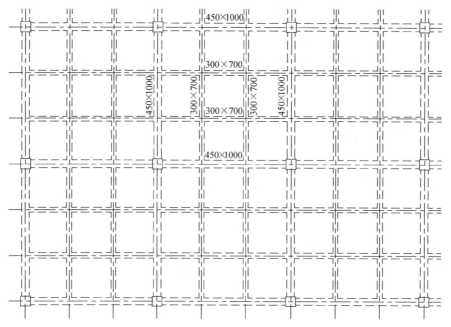

图 3.1-1 地下室顶板布置（1）

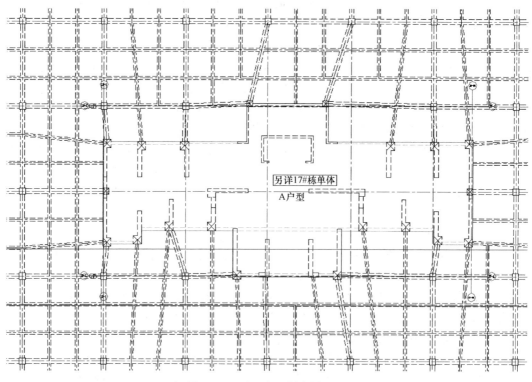

图 3.1-2 地下室顶板布置（2）

缘上不布置次梁。

（4）尽量让板划分得比较均匀，在结构布置中采用抓大放小的概念设计原则，在大的结构布置均匀的前提下，小范围异形板，只要满足裂缝计算等，是允许布置的。

（5）尽量不形成阳角（大于180°），实在避免不了，塔楼周边有几块这样的板，满足计算后也是可以的。

（6）当塔楼嵌固端在地下室顶板时，一般不让次梁支撑在塔楼的边梁上；否则，边梁要做很高，一般让次梁在此处截断，塔楼周边形成类似于单向次梁形成的板块。

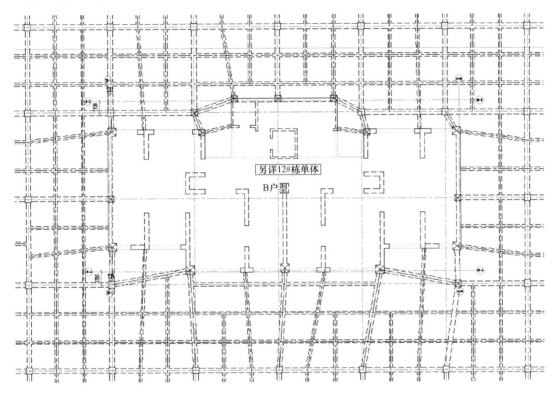

图 3.1-3 地下室顶板布置（3）

3. 风井处布置

风井处洞边的次梁均为 300mm×700mm，一般有三种布置方式，经过对比，方案 1 形成小板；方案 2 风井处洞边的次梁是简支梁，受力不好；方案 3 风井处洞边的次梁有其他次梁支撑，没有形成小板，是比较好的方案，如图 3.1-4 所示。

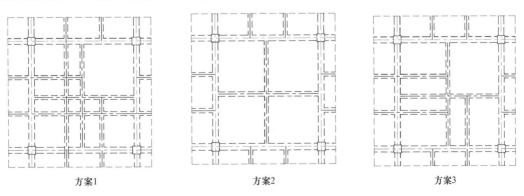

方案1　　　　　　　　　方案2　　　　　　　　　方案3

图 3.1-4 风井处次梁布置方案

塔楼周边的小风井，建筑留给结构的面积一般都有富余，并且塔楼周边的小风井的尺寸大小，结构设计师可以和建筑沟通进行扩大，刚好支撑在结构的主次梁上，如图 3.1-5、图 3.1-6 所示。

4. 车道处布置（图 3.1-7～图 3.1-9）

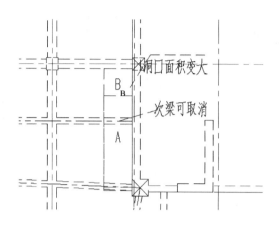

图 3.1-5 风井处次梁布置

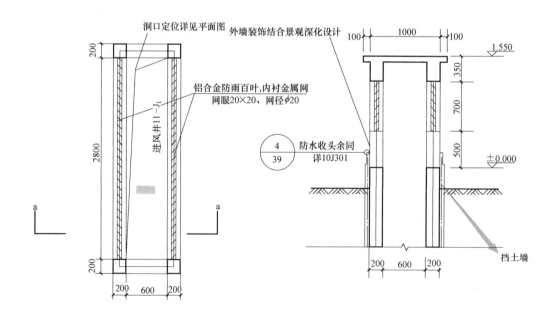

图 3.1-6 风井处挡土墙剖面图

注：挡土墙一般做 200mm 厚，从地下室顶标高－1.800～0.000。

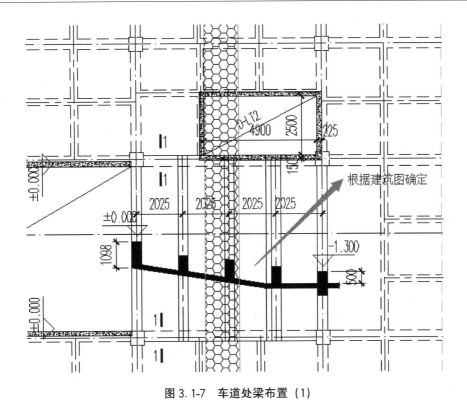

图 3.1-7 车道处梁布置（1）

注：布置次梁后坡道处净高不满足，应将次梁上翻，先用 400×700 的截面试算，最后反提给建筑与水专业；在盈建科中建模时应注意有高差的地方点铰。

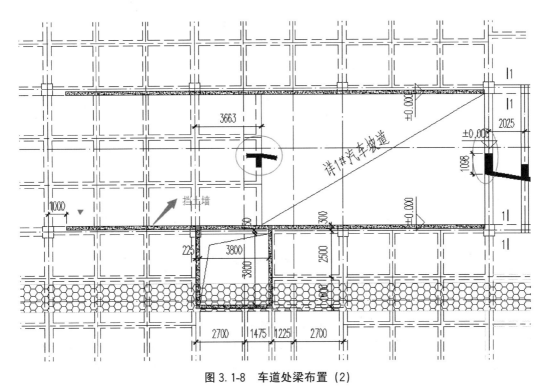

图 3.1-8 车道处梁布置（2）

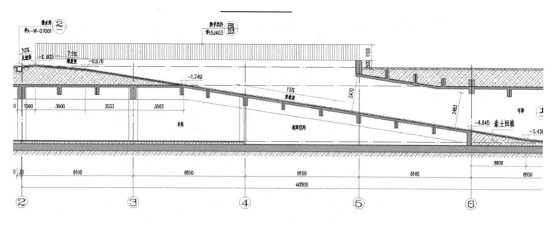

图 3.1-9 车道剖面图（1）

注：1. 车道处的结构布置要注意几个点，有栏杆的地方一般两侧均有挡土墙，厚度为 200mm，底标高为地下室顶板标高 −1.800m，顶标高为栏杆底标高，用 di 命令测量，±0.000m。

2. 有覆土变化的部位，比如②～③轴，由于周边的覆土范围 −1.8～−0.03m，所以需要布置挡土墙挡土；

3. 车道③～④轴、④～⑤轴、⑤～⑥轴之间两侧要布置 KL2，两侧的 KL2 与 −1.800 处的 KL1 可能存在打架问题，如果 −1.800m 两侧是剪力墙，则剪力墙起到支撑所有 L 的作用，不存在施工问题；但是如果 −1.800m 两侧是 KL1 与 KL2，如果打架范围不大，让其打架；如果打架范围大，则与建筑师沟通，做高梁 KL3，去包络住 KL1 与 KL2。

4. ⑤～⑥轴之间的 KL 顶标高 −1.800m，由于梁上反，需要做反坎，如图 3.1-10 所示。

5. 主梁上反时，与之相连的柱子顶标高也应该跟着主梁顶标高增加。

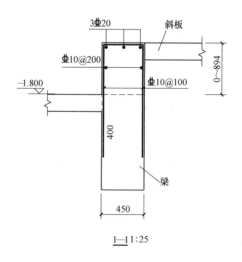

图 3.1-10 车道处反坎大样

5. 楼板抬高处布置

地下室顶板一般由于设备要求，有净高不够的情况，需要把顶板抬高，而结构设计师在设计时，可以采用包络设计的方法，把要抬顶板的范围变大，从主梁边或者塔楼剪力墙边画轮廓线，如图 3.1-11、图 3.1-12 所示。此时主梁应该兜住次梁底部或者板底。

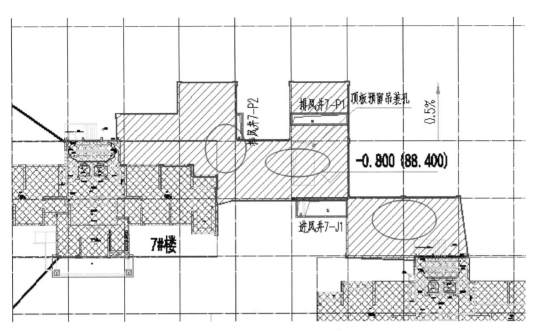

图 3.1-11 顶标高－0.800m 范围

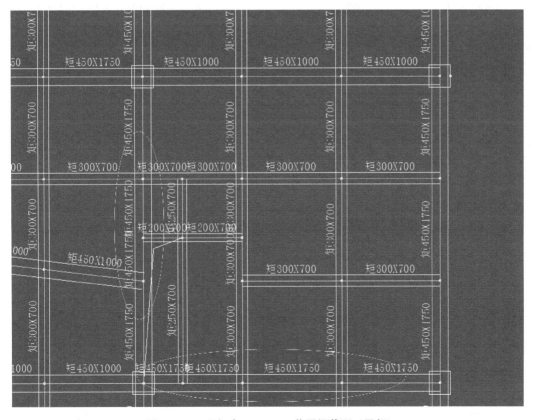

图 3.1-12 顶标高－0.800m 范围梁截面（局部）

注：1. 1.750m＝1.8（顶板标高 1）－0.8（顶板标高 2）＋0.7（次梁高）＋0.05（主梁比次梁高）；

2. 升标高与原标高相交部位，需要注意的是由于次梁不连续，应该点铰接。

6. 楼梯部位布置（图 3.1-13）

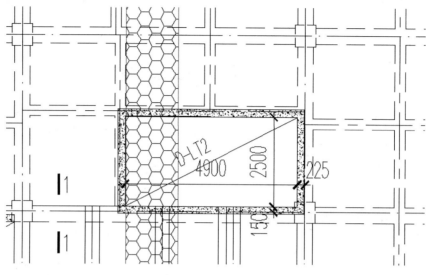

图 3.1-13 楼梯布置

7. 人防部位布置

人防房间内尽量不要把旁边的主次梁伸进去，可以把主次梁搁置在人防房间的四周墙上，并补齐人防房间门口的梁，如图 3.1-14 所示。如果人防墙在整跨内都与梁同时存在，则可以取消这段的梁。

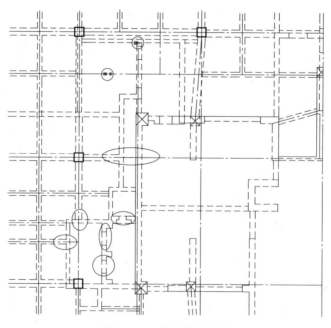

图 3.1-14 人防部位布置

8. 消防车道及扑救场地范围

消防车道及扑救场地范围应查看建筑总图，和建筑师沟通后确定，如图 3.1-15 所示。

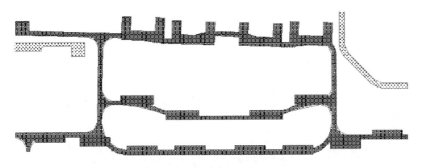

图 3.1-15 消防车道及扑救场地

注：在盈建科中屏幕右下方点击"趁图"的快捷键，可以使用趁图功能插入"消防车道及扑救场地"CAD 布置图；然后，输入消防车荷载，如图 3.1-16 所示。

图 3.1-16 趁图功能

3.1.4 荷载

1. 恒载

室外部分：按照建筑提资 1.5m 覆土：$31kN/m^2$（恒载：$1.5 \times 20 + 1$）；板顶标高 $-0.800m$ 部位，恒载 $= 20 \times 0.5 + 1 = 11kN/m^2$。

2. 活载

室内和室外：$5kN/m^2$；消防车道和扑救面：$35kN/m^2$；覆土 1.5m（《荷规》：表 B.0.2，折减系数 0.79）、板跨 2.7m×2.7m（《荷规》：表 5.1.1，折减系数 1.0），计算板：$35 \times 0.79 = 28kN/m^2$（活载）；计算梁、柱：$35 \times 0.79 \times 0.8 = 22kN/m^2$（活载）；计算基础时：$5kN/m^2$（活载）。

3. 线荷载

线荷载主要是风井处的线荷载，从地下室顶板 $-1.800 \sim 0.000$ 处是挡土墙，线荷载 $Q_1 = 25 \times 0.2 \times 1.8 = 9kN/m$，用 PL 命令把混凝土及砖墙范围按 1：100 的比例描写出来（图 3.1-17）在 CAD 中输入 list 键查看其面积，得知线荷载 $Q_2 = 0.21 \times 25 + 0. \pm 48 \times 20 = 14.859kN/m$，如果风井上面恒载取 1.0，活载取 2.0，则线荷载 $Q_3 = (1.3 \times 1.0 + 1.5 \times 2.0)/1.3 \times 0.5m$（跨度的一半）$= 1.7kN/m$，则总的线荷载为 $9 + 14.859 + 1.7 = 25.5kN/m$。

3.1.5 软件操作

点击：轴线网格/导入 dwg，按照提示完成操作；最后点击：构件布置/柱、梁，完成截面修改。如图 3.1-18、图 3.1-19 所示。

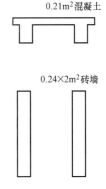

0.21m²混凝土

0.24×2m²砖墙

图 3.1-17 风井处线荷载计算简图

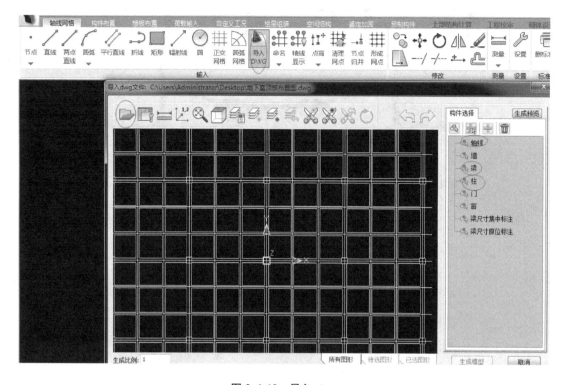

图 3.1-18 导入 dwg

图 3.1-19 修改截面尺寸

注：完成结构布置图后，在导入 YJK 之前应该将该布置图拆分为两个或三个"小地
下室"结构布置图（YJK 节点最大值有限值），为了保证构件计算的准确性，应
重叠 2 跨。当一条直线上的人防墙厚度不一致时，应把结构布置图中的厚度不
一致的墙按最小值调整并导入；先定位好塔楼在结构布置图中的位置，再将塔
楼周边一跨的墙柱删除（最后在楼层组装时用单层拼装功能将塔楼负一层拼装
到指定位置，最后用衬图功能完成塔楼周边的梁布置，这样处理节点就不会
混乱）。

3.2 单向次梁实例解析

3.2.1 工程概况

某小区，塔楼有 18 栋，一层地下室，结构形式为框架结构，采用单向次梁，抗震设防烈度 6 度，设计基本地震加速度 0.05g，设计地震分组为第一组，设计使用年限为 50 年。建设场地 II 类，特征周期值为 0.35s，非塔楼周边 3 跨的框架抗震等级为四级，塔楼周围（塔楼＋三跨）的抗震等级随主楼，基本风压值为 0.35kN/m²，基本雪压值为 0.45kN/m²。本项目总面积 75828m²，其中人防面积 16195m²；覆土 1.5m，顶板标高为 −1.8m，室外标高−0.300m，柱网 8.1m×8.1m。

底板、独立基础、外墙、顶板、梁及柱子等混凝土强度等级均为 C35，由于篇幅限制，本节以 4×4 跨的 8.1m×8.1m 柱网试算，最后用试算得出的数据去设计大的地下室。

3.2.2 截面尺寸

室外地下室顶板：250mm（防水考虑）；经过建模试算，非消防车及扑救场地范围主梁次梁 300×850，与次梁平行的主梁 300×850，与次梁垂直的主梁 500×1000；消防车及扑救场地范围次梁 300×900，与次梁平行的主梁 300×900，与次梁垂直的主梁 550×1100；一些风井口出的小次梁取 250×500，支撑门廊柱子（400×400）的次梁截面可取 450×700。

3.2.3 结构布置

1. 规则布置（图 3.2-1）

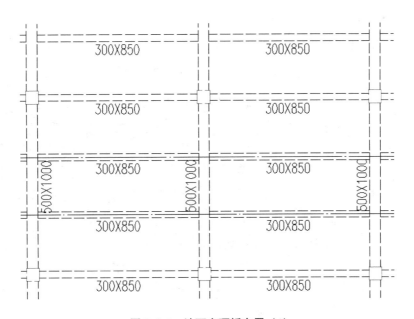

图 3.2-1 地下室顶板布置（4）

2. 塔楼周边布置（图 3.2-2、图 3.2-3）

参考"3.1 井字梁实例解析"。

图 3.2-2 地下室顶板布置 (5)

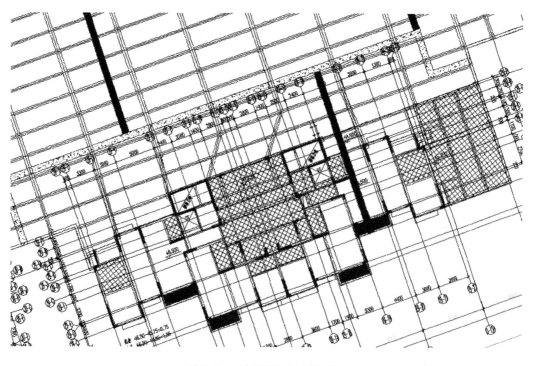

图 3.2-3 地下室顶板布置 (6)

3. 风井处布置

只要满足风井的面积不变，风井的形状可以和建筑沟通，改成图 3.2-4、图 3.2-5 所示形式。

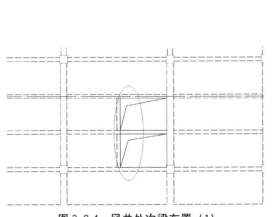

图 3.2-4　风井处次梁布置（1）

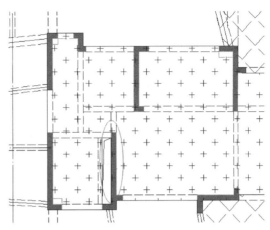

图 3.2-5　风井处次梁布置（2）

注：塔楼周边的小风井，可以设置在塔楼内，也可以设置在塔楼外边，如果设置在塔楼外边，需要设置 300×700 次梁形成连接。

4. 车道处布置（图 3.2-6）

车道处，开大洞处必须设置框梁，无论地下室采用何种体系，无梁楼盖、大板加腋等均要设框梁。

5. 楼板抬高处部位布置

参考"3.1 井字梁实例解析"。楼板有高差处，无论采用何种体系，无梁楼盖或大板加腋等，都要设置高梁，主梁应该兜住次梁底部或者板底。

地下室顶板一般由于设备要求，有净高不够的情况，需要把顶板抬高，而结构设计师在设计时，可以采用包络设计的方法，把要抬顶板的范围变大，从主梁边或者塔楼剪力墙边画轮廓线。此时，主梁应该兜住次梁底部或者板底。

6. 楼梯部位及人防部位布置

参考"3.1 井字梁实例解析"。

3.2.4　荷载

1. 一恒载

室外部分：按照建筑提资 1.5m 覆土：31kN/m²（恒载：1.5×20+1）；板顶标高-0.800m 部位，恒载=20×0.5+1=11kN/m²。

2. 二活载

室内和室外：5kN/m²；消防车道和扑救面：35kN/m²；覆土 1.5m（折减系数 0.81）、板跨 2.7m×2.7m（折减系数 0.9）；计算板：35×0.9×0.81=25.5kN/m²；计算主梁、柱：35×0.9×

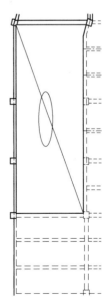

图 3.2-6　车道处梁布置（3）

注：可参考"3.1 井字梁实例解析"。

$0.81×0.6=15.5kN/m^2$；计算次梁：$35×0.9×0.81×0.8=20.5kN/m^2$；计算基础时：$5kN/m^2$

3.线荷载

参考：3.1.4荷载。

3.2.5　软件操作

参考：3.1.5软件操作。

3.3　大板加腋实例解析

3.3.1　工程概况

某小区，塔楼有18栋，一层地下室，结构形式为框架结构，采用大板加腋，抗震设防烈度6度，设计基本地震加速度0.05g，设计地震分组为第一组，设计使用年限为50年。建设场地Ⅱ类，特征周期值为0.35s，非塔楼周边3跨的框架抗震等级为四级，塔楼周围（塔楼＋三跨）的抗震等级随主楼，基本风压值为$0.35kN/m^2$，基本雪压值为$0.45kN/m^2$。本项目总面积75828m^2，其中人防面积16195m^2；覆土1.5m，顶板标高为－1.8m，室外标高－0.300，柱网8.1m×8.1m。

底板、独立基础、外墙、顶板、梁及柱子等混凝土强度等级均为C35，由于篇幅限制，本节以4×4跨的8.1m×8.1m柱网试算，最后用试算得出的数据去设计大的地下室。

3.3.2　截面尺寸

室外地下室顶板：250mm（防水考虑），地下室顶板非消防车及扑救场地范围主梁450×700，加腋梁1200×300，加腋板为1200×200；地下室顶板消防车及扑救场地范围主梁450×700，加腋梁1200×300，加腋板为1200×250，由于消防车及扑救场地范围形状复杂，为了方便建模，主梁450×700，加腋梁1200×300，加腋板为1200×250。

3.3.3　结构布置

1.规则布置（图3.3-1）

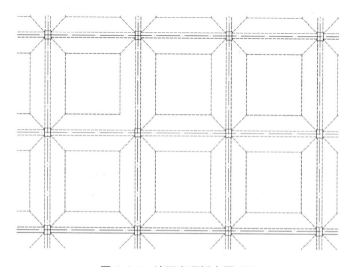

图3.3-1　地下室顶板布置（7）

2. 塔楼周边布置（图 3.3-2～图 3.3-4）

塔楼周边布置时，不同的设计院有不同的规定，有些设计院不能布置异形板，尤其是形成阳角（大于180°），有的设计院经过"理正试算"后，对于250mm厚顶板，裂缝值其实很小，可以布置；有的设计院规定每个塔楼外翼缘都要拉梁，而有的设计院认为，只要主梁之间的距离在5～8m，每个塔楼外翼缘不必都要拉梁；在实际设计中，对于大板加腋体系，一般遵循以下几个原则：

（1）大板加腋体系是为了解决跨度大，梁板配筋过大的问题，所以在塔楼周围，形成的板范围比较大时，可以两面或者三面梁板加腋；加腋有一个合理的尺寸，在这个合理的尺寸范围内，就会产生较好的空间拱效应，具有好的受力性能；对于加腋梁，支托坡度取1:4，宽度小于等于0.4倍的梁高时，空间拱效应比较大；加腋板：1200×180～250；加腋板的腋长为板净跨的1/5～1/6；加腋区板总高为跨中板厚的1.5～2倍。

（3）楼周围，形成的板范围不大时，比如小于5m×5m，可以直接用主梁拉结形成板，不必每个塔楼翼缘都拉梁，也不必都形成矩形板，形成异形板满足裂缝、挠度、配筋即可。柱子两个方向应该都设置主梁，满足力的平衡关系，在塔楼周边时，主梁应该以"就近"原则布置在剪力墙的翼缘上，并且剪力墙翼缘上应布置端柱；当有些主梁长度比较小，比如小于3m，应布置端柱，方便钢筋锚固。

（4）地下室外墙侧不必布置加腋梁。

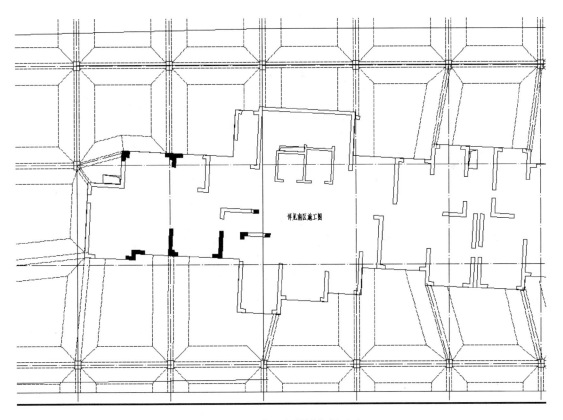

图 3.3-2 地下室顶板布置 (8)

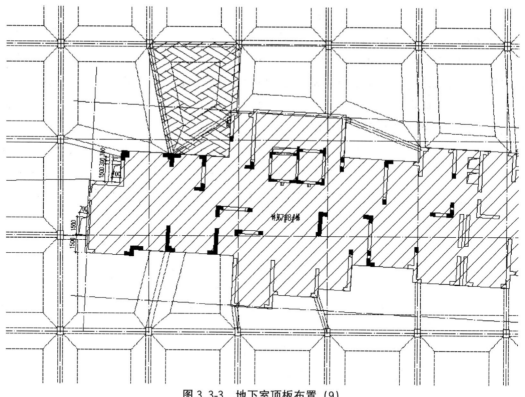

图 3.3-3 地下室顶板布置（9）

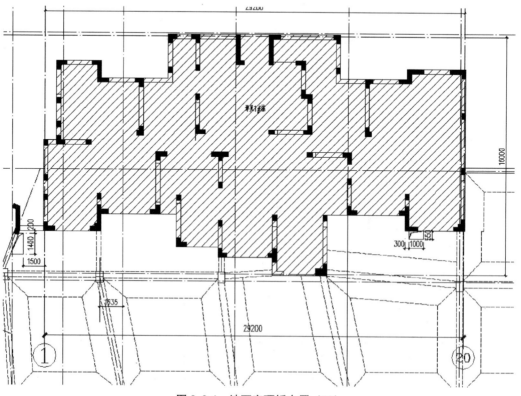

图 3.3-4 地下室顶板布置（10）

3. 风井处布置（图 3.3-5、图 3.3-6）

风井开洞较小时，一般不必在洞口边布置次梁，洞口边附加面筋；当开洞比较大时，无论是大板加腋体系还是无梁楼盖体系，都要设置次梁，次梁两端设置主梁来使得力能正确传递。

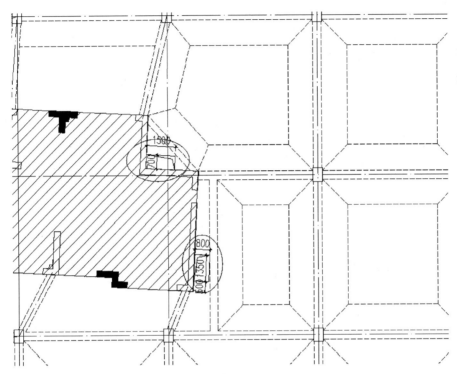

图 3.3-5　风井处次梁布置（3）

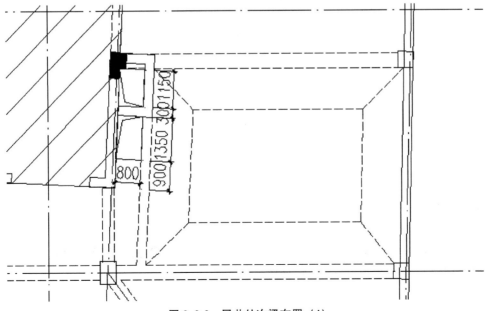

图 3.3-6　风井处次梁布置（4）

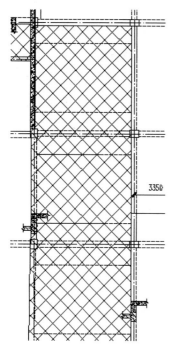

图 3.3-7 楼板抬高处布置（1）

4. 车道处布置

车道处，开大洞处必须设置框梁，无论地下室采用何种体系，无梁楼盖、大板加腋等均要设置框梁。

其他可参考"3.1 井字梁实例解析"。

5. 楼板抬高处布置

参考"3.1 井字梁实例解析"。楼板有高差处，无论采用何种体系，无梁楼盖或大板加腋等，都要设置高梁，主梁应该兜住次梁底部或者板底。

地下室顶板一般由于设备要求，有净高不够的情况，需要把顶板抬高，而结构设计师在设计时，可以采用包络设计的方法，把要抬顶板的范围变大，从主梁边或者塔楼剪力墙边画轮廓线。此时主梁应该兜住次梁底部或者板底。

当采用大板加腋体系时，有高差的两侧为简支边，弯矩很小，没必要设置加腋板，只在两侧有弯矩的端部布置加腋板，如图 3.3-7 所示。

6. 楼梯部位布置（图 3.3-8）

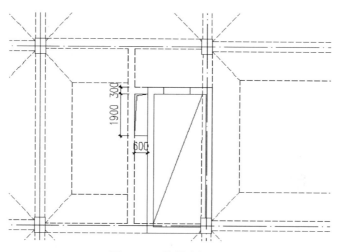

图 3.3-8 楼梯布置（1）

7. 人防部位布置

参考"3.1 井字梁实例解析"。

3.3.4 荷载

1. 恒载

室外部分：按照建筑提资 1.5m 覆土：31kN/m²（恒载：$1.5 \times 20 + 1$）；板顶标高－0.800m 部位，恒载＝$20 \times 0.5 + 1 = 11$kN/m²。

2. 活载

室内和室外：5kN/m²；消防车道和扑救面：35kN/m²；覆土 1.5m（《荷规》：表

B.0.2，折减系数 1.0）、板跨 8.1m×8.1m（《荷规》：表 5.1.1，折减系数 0.571），计算板：$35×0.0.571=20kN/m^2$（活载）；计算梁、柱：$35×0.571×0.8=16kN/m^2$（活载）；计算基础时：$5kN/m^2$（活载）。

　　3. 线荷载

　　参考：3.1.4 荷载。

3.3.5　软件操作

　　参考：4.3 预应力管桩抗浮实例解析（二层地下室）及 3.1.5 软件操作，导入轴网、柱子及主梁。

3.4　无梁楼盖实例解析

3.4.1　工程概况

　　某小区，塔楼有 18 栋，一层地下室，结构形式为框架结构，采用井字梁，抗震设防烈度 6 度，设计基本地震加速度 $0.05g$，设计地震分组为第一组，设计使用年限为 50 年。建设场地Ⅱ类，特征周期值为 0.35s，非塔楼周边 3 跨的框架抗震等级为四级，塔楼周围（塔楼+三跨）的抗震等级随主楼，基本风压值为 $0.35kN/m^2$，基本雪压值为 $0.45kN/m^2$。本项目总面积 75828m^2，其中人防面积 16195m^2；覆土 1.5m，顶板标高为$-1.8m$，室外标高-0.300，柱网 8.1m×8.1m。

　　底板、独立基础、外墙、顶板、梁及柱子等混凝土强度等级均为 C35，由于篇幅限制，本节以 4×4 跨的 8.1m×8.1m 柱网试算，最后用试算得出的数据去设计大的地下室。

3.4.2　截面尺寸

　　经过建模试算，非消防车及扑救场地范围柱帽截面尺寸如图 3.4-1 所示，地下室顶板：400mm；消防车及扑救场地范围柱帽截面尺寸如图 3.4-2 所示，地下室顶板：500mm。

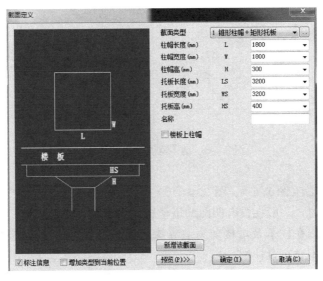

图 3.4-1　柱帽尺寸（1）

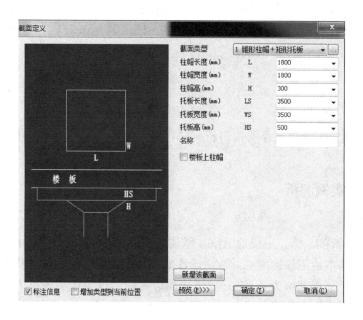

图 3.4-2　柱帽尺寸 (2)

3.4.3　结构布置

1. 规则布置（图 3.4-3）

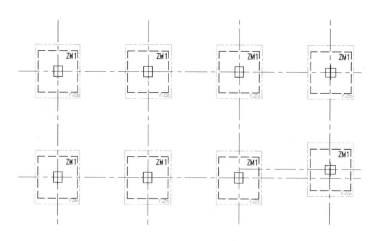

图 3.4-3　地下室顶板布置 (11)

2. 塔楼周边布置（图 3.4-4、图 3.4-5）

塔楼周边布置时，一般在没有凹凸的塔楼边，只布置塔楼封边梁，不布置其他梁；当有较大凹凸时，可以在柱子及塔楼剪力墙翼缘之间布置主梁，让板块尽量划分的比较均匀；地下室外墙侧不必布置柱帽。

3. 风井处布置

风井处应布置次梁，次梁两端应布置主梁，如图 3.4-6 所示。

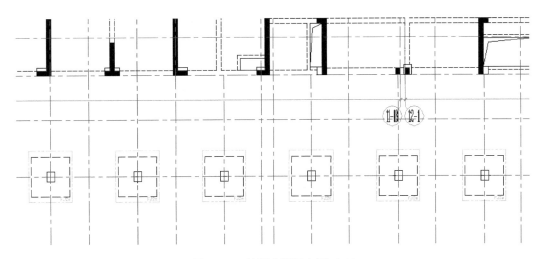

图 3.4-4 地下室顶板布置（12）

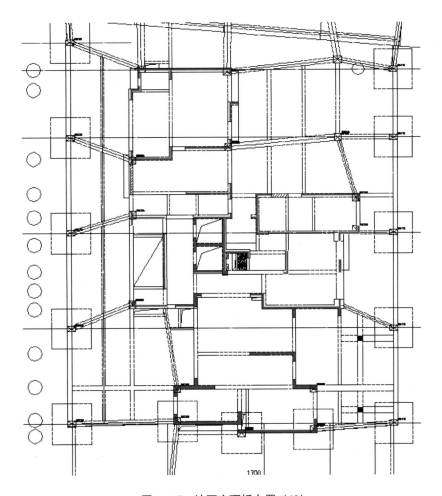

图 3.4-5 地下室顶板布置（13）

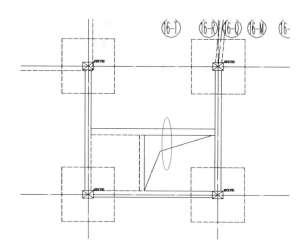

图 3.4-6 风井处次梁布置（5）

4. 车道处布置

车道处，开大洞处必须设置框梁，无论地下室采用何种体系，无梁楼盖，大板加腋等均要设置框梁（图 3.4-7）。其他可参考：3.1 井字梁实例解析。

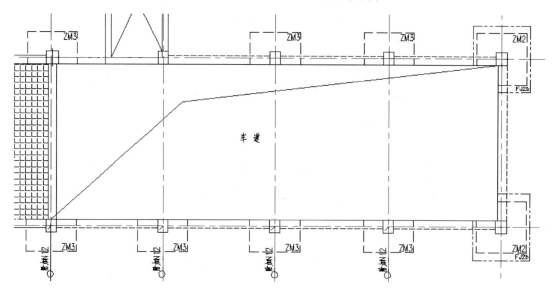

图 3.4-7 车道处梁布置（4）

5. 楼板抬高处布置

参考：3.1 井字梁实例解析。楼板有高差处，无论采用何种体系，无梁楼盖或大板加腋等，都要设置高梁，主梁应该兜住次梁底部或者板底。

下室顶板一般由于设备要求，有净高不够的情况，需要把顶板抬高，而结构设计师在设计时，可以采用包络设计的方法，把要抬顶板的范围变大，从主梁边或者塔楼剪力墙边画轮廓线。此时主梁应该兜住次梁底部或者板底，如图 3.4-8、图 3.4-9 所示。

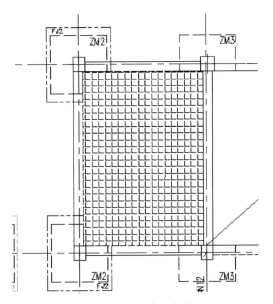

图 3.4-8 楼板抬高处布置（2）

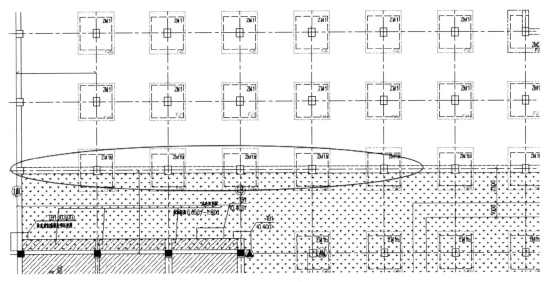

图 3.4-9 楼板抬高处布置（3）

6.楼梯部位布置

对于无梁楼盖，楼梯位置开洞，应布置次梁，次梁两端布置主梁，如图 3.4-10 所示。

7.人防部位布置

参考：3.1 井字梁实例解析。

3.4.4 荷载

1.恒载

室外部分：按照建筑提资 1.5m 覆土：31kN/m²（恒载：1.5×20＋1）；板标高 －0.800m 部位，恒载＝20×5＋1＝11kN/m²。

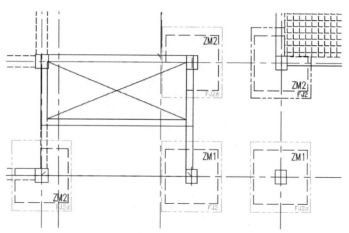

图 3.4-10　楼梯布置 (2)

2. 活载

室内和室外：5kN/m²；消防车道和扑救面：35kN/m²；覆土 1.5m（折减系数 1.0）、板跨 8.1m×8.1m（折减系数 0.571）；计算板：35×0.0.571＝20kN/m²；

计算柱：35×0.571×0.8＝16kN/m²；计算基础时：5kN/m²。

3. 线荷载

参考：3.1.4 荷载。

3.4.5　软件操作

参考：3.1.5 软件操作，导入轴网及柱子。点击：楼板布置/布置柱帽/添加，如图 3.4-11 所示。

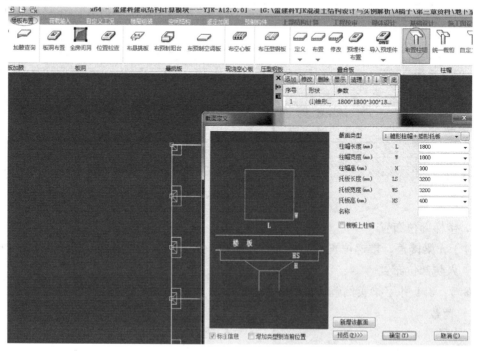

图 3.4-11　柱帽布置

注：最大冲切比一般按 0.75 控制。

3.4.6　无梁楼盖事故原因分析及设计建议

（1）原因分析

地下室无梁楼盖事故频发的主要原因可概括为三条：顶板超载，甚至是严重超载；管理混乱；无梁楼盖抗冲切承载力不足。

（2）设计建议

设计师应在图纸中明确荷载限值，充分考虑景观覆土（注意标高变化）、种植、构筑物的荷载；对大型货车、消防车可能出现的位置，不可遗漏荷载，并与建筑专业确认可能的行走路线；做好施工交底，做好对施工工况的复核，比如荷载不利布置，对局部超载较大的位置，建议做临时支撑；加强对无梁楼盖承载力的复核，尤其注意冲切承载力验算，并预留适当的富裕度；复核不平衡弯矩对节点的影响；施工交底，以及对施工工况的复核。

4 地下室底板抗浮设计实例解析

4.1 抗浮实例解析 1（一层地下室：独立基础＋抗浮锚杆）

4.1.1 工程概况

某小区，塔楼有 18 栋，一层地下室，结构形式为框架结构，采用井字梁，抗震设防烈度 6 度，设计基本地震加速度 0.05g，设计地震分组为第一组，设计使用年限为 50 年。建设场地Ⅱ类，特征周期值为 0.35s，非塔楼周边 3 跨的框架抗震等级为四级，塔楼周围（塔楼＋三跨）的抗震等级随主楼，基本风压值为 0.35kN/m²，基本雪压值为 0.45 kN/m²。本项目总面积 75828m²，其中人防面积 16195m²；覆土 1.5m，顶板标高为－1.8m，底板建筑面标高－5.700m，底板结构顶面标高－5.900m，室外标高－0.300m，柱网 8.1m×8.1m；本地区雨水较多，地下室抗浮设防水位不用地勘报告给出的设计水位，而是以室外地坪为设防水位。

底板、独立基础、外墙、顶板、梁及柱子等混凝土强度等级均为 C35，在实际底板设计中，底板高度不一样，抗浮水位也不一样，独立基础持力层也不一样，由于篇幅限制，本节以 4×4 跨的 8.1m×8.1m 柱网试算，独立基础的持力层为硬塑黏土（承载力特征值 250kPa）为例进行试算，给出地下室底板抗浮设计的软件操作及手算过程，得出独立基础截面尺寸，最后用试算得出的数据去设计大的地下室。

4.1.2 荷载

室外部分：按照建筑提资 1.5m 覆土：31kN/m²（恒载：1.5×20＋1）；室外：5kN/m²（活载）；消防车道和扑救面：35kN/m²（活载）；

覆土 1.5m（《荷规》：表 B.0.2，折减系数 0.79）、板跨 2.7m×2.7m（《荷规》：表 5.1.1，折减系数 1.0），计算板：35×0.79＝28kN/m²（活载）；计算梁、柱：35×0.79×0.8＝22kN/m²（活载）；计算基础时：5kN/m²（活载）。

4.1.3 截面尺寸

室外地下室顶板：250mm（防水考虑）；经过建模试算，非消防车及扑救场地范围主梁 450×900，次梁 300×650，消防车及扑救场地范围主梁 450×1000，次梁 300×700，由于消防车及扑救场地范围形状复杂，为了方便建模，主梁统一取 450×1000，次梁 300×700；

4×4 跨的 8.1m×8.1m 柱网试算，独立基础的持力层为硬塑黏土（承载力特征值 250kPa），基础埋深 1m，独立基础的尺寸为 3800（长）×3800（宽）×800（高）。

4.1.4 抗浮设计

1. 规范规定

根据《建筑地基基础设计规范》GB 50007—2011 第 5.4.3 条可知，应使水浮力 $N_{w \cdot k}$ 与结构自重 G_K 的关系应满足 $G_K/N_{w \cdot k} \geq 1.05$，如果整体抗浮不通过，一般采用设置抗浮锚杆或者柱下设置抗拔桩去抗浮，如果差值比较小，可以采用配重抗浮的方式，比如在底板上部设置低等级混凝土或钢渣混凝土压重，或设置较厚的钢筋混凝土底板。

2. 整体抗浮计算

一般地下室≥2层时，才采用锚杆或者抗拔桩抗浮。本项目一层地下室，根据经验，假设底板厚度 400mm，抗浮水头 6m，水浮力：$60kN/m^2$。顶板覆土厚 1.5m，取重度 $20kN/m^3$，即覆土面荷载为 $30kN/m^2$。

柱网尺寸 8100mm×8100mm，柱子截面 600mm×600mm，柱子高度 4100mm，折算板厚 $h_1＝600×600×4100/8100/8100＝21mm$。

顶板井字梁布置，主梁截面 450mm×1000mm，次梁 300mm×700mm，板厚 250mm，折算板厚 $h_2＝450×1000×8100×2/8100/8100＋300×700×8100×4/8100/8100＋250＝465mm$。

底板厚 400mm，独立基础最小 3800mm×3800mm，高度 800mm，折算底板厚＝400＋3800×3800×800/8100/8100＝576mm；底板上有 200mm 建筑回填（包含面层），平均重度取 $18kN/m^3$。

自重合计：$30＋25×（0.021＋0.465＋0.576）＋3.6＝60.15kN/m^2$

$60.15/60＝1.00＜1.05$，整体抗浮不要求，$60×1.05－60.15＝3kN/m^2$，由于 $3kN/m^2$ 比较小，把底板厚度由 400mm 变成 500mm，在底板上部设置低等级混凝土或钢渣混凝土压重，即满足整体抗浮要求。

3. 局部抗浮

抗水板需承担的水浮力为：

$60－25×0.5$（底板自重）$－18×0.2$（建筑回填）$＝43.9kN/m^2$，取 $44kN/m^2$。

4. 软件操作

（1）在盈建科中建模，4×4 跨的 8.1m×8.1m 柱网，如图 4.1-1 所示，然后输入荷载，楼层组装，计算等。

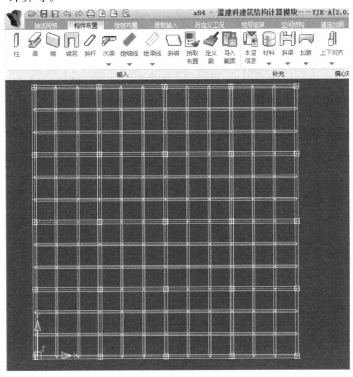

图 4.1-1 盈建科模型

（2）点击：基础设计/基础建模/荷载/荷载组合，如图 4.1-2 所示。

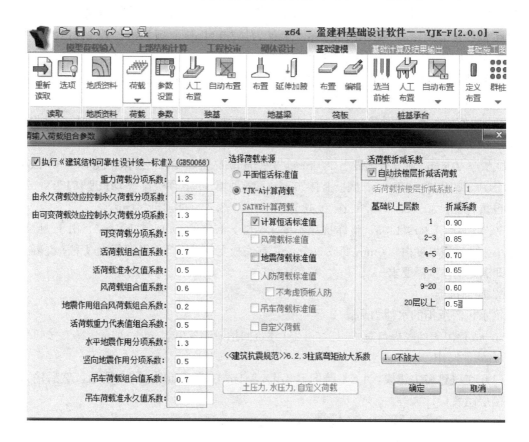

图 4.1-2 荷载组合

注：1. 荷载来源：YJK-A 计算荷载/计算恒活标准值，不考虑地震作用标准值。

《抗规》第 4.2.1 条：下列建筑可不进行天然地基及基础的抗震承载力验算：

（1）本规范规定可不进行上部结构抗震验算的建筑。

（2）地基主要受力层范围内不存在软弱黏性土层的下列建筑：

1）一般的单层厂房和单层空旷房屋；

2）砌体房屋；

3）不超过 8 层且高度在 24m 以下的一般民用框架和框架-抗震墙房屋；

4）基础荷载与 3）项相当的多层框架厂房和多层混凝土抗震墙房屋。

注：软弱黏性土层指 7 度、8 度和 9 度时，地基承载力特征值分别小于 80kPa、100kPa 和 120kPa 的土层。

2. 勾选"自动按楼层折减活荷载"

《建筑结构荷载规范》GB 50009－2012 第 5.1.2-2 条：设计墙、柱和基础时：

1）第 1（1）项应按表 4.1-1 规定采用；

2）第 1（2）～7 项采用与其楼面梁相同的折减系数；

3）第 8 项对单向板楼盖应取 0.5；

对双向板楼盖和无梁楼盖应取 0.8；

4）第 9～13 项应采用与所属房屋类别相同的折减系数。

注：楼面梁的从属面积应按梁两侧各延伸二分之一梁间距的范围内的实际面积确定。

3.《抗规》6.2.3柱底弯矩放大系数：1.0不放大；原因是底板比较厚，能平衡柱底弯矩。

4. 其他参数按默认值或根据实际工程填写。

活荷载按楼层的折减系数　　　　　　　　　　　　　　　表 4.1-1

墙、柱、基础计算截面以上的层数	1	2~3	4~5	6~8	9~20	>20
计算截面以上各楼层活荷载总和的折减系数	1.00 (0.90)	0.85	0.70	0.65	0.60	0.55

注：当楼面梁的从属面积超过 $25m^2$ 时，应采用括号内的系数。

（3）点击：参数设置，如图 4.1-3～图 4.1-9 所示。

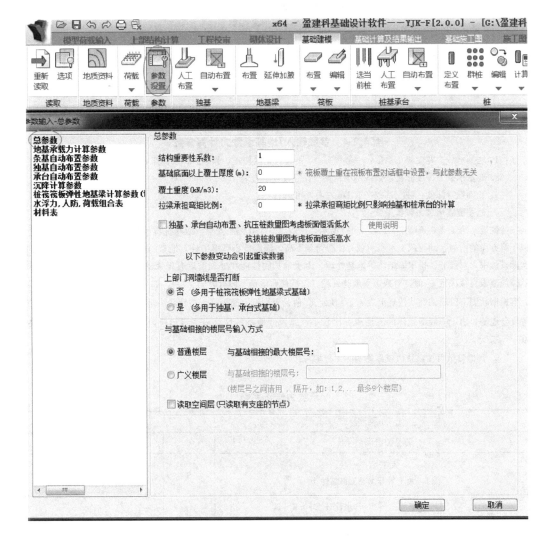

图 4.1-3　参数输入/总参数

注：参数可按默认值或根据实际工程填写。

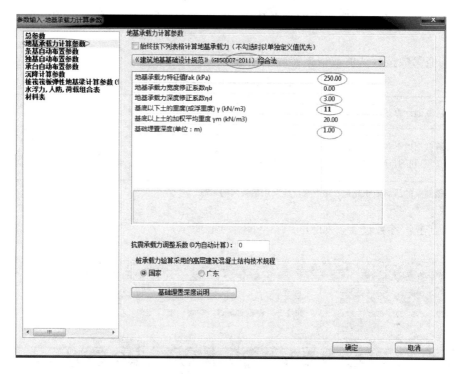

图 4.1-4 参数输入/地基承载力计算参数

注：1. 地基承载力宽度修正系数：一般填写 0，不进行宽度修正，只进行深度修正；

2. 地基承载力深度修正系数：本项目偏于保守设计，查表 4.1-2，填写 3；

3. 基础埋置深度：独立基础一般 1m 左右，可填写 1；

4. 地基抗震承载力调整系数：

按《抗规》第 4.2.3 条确定，如表 4.1-3 所示。一般填写 1.0 偏于安全。地基抗震承载力调整系数，实际上是吃了以下两方面的潜力：动荷载下地基承载力比静荷载下高，地震是小概率事件，地基的抗震验算安全度可适当减低。在实际设计中，对强夯、排水固结法等地基处理，由于地基的性能在处理前后有很大的改变，可根据处理后地基的性状按规范表直接决定 ζ_a 值。对换填等地基处理（包括普通地基下面有软弱土层），如果基础底面积由软弱下卧层决定，宜根据软弱下卧层的性状按规范表 4.1-3 决定 ζ_a 值；否则按上面较好土层性状决定 ζ_a 值。对水泥搅拌桩、CFG 桩等复合地基，由于一般增强体的置换率都比较小，原天然地基的性状占主导地位，可以按天然地基的性状决定 ζ_a 值。

5. 其他参数可按默认值或根据实际工程填写。

承载力修正系数　　　　　　　　　　　　　　　表 4.1-2

土 的 类 别		η_b	η_d
淤泥和淤泥质土		0	1.0
人工填土 e 或 I_L 大于等于 0.85 的黏性土		0	1.0
红黏土	含水比 $a_w > 0.8$	0	1.2
	含水比 $a_w \leqslant 0.8$	0.15	1.4
大面积压实填土	压实系数大于 0.95、黏粒含量 $p_c \geqslant 10\%$ 的粉土	0	1.5
	最大干密度大于 2100kg/m³ 的级配砂石	9	2.0

续表

土 的 类 别		η_b	η_d
粉土	黏粒含量 $p_c \geqslant 10\%$ 的粉土	0.3	1.5
	黏粒含量 $p_c < 10\%$ 的粉土	0.5	2.0
e 及 I_L 均小于 0.85 的黏性土		0.3	1.6
粉砂、细砂（不包括很湿与饱和时的稍密状态）		2.0	3.0
中砂、粗砂、砾砂和碎石土		3.0	4.4

地基抗震承载力调整系数 表 4.1-3

岩土名称和性状	ξ_a
岩石，密实的碎石土，密实的砾、粗、中砂，$f_{ak} \geqslant 300$ 的黏性土和粉土	1.5
中密、稍密的碎石土，中密和稍密的砾、粗、中砂，密实和中密的细、粉砂，$150\text{kPa} \leqslant f_{ak} < 300\text{kPa}$ 的黏性土和粉土，坚硬黄土	1.3
稍密的细、粉砂，$100\text{kPa} \leqslant f_{ak} < 150\text{kPa}$ 的黏性土和粉土，可塑黄土	1.1
淤泥，淤泥质土，松散的砂，杂填土，新近堆积黄土及流塑黄土	1.0

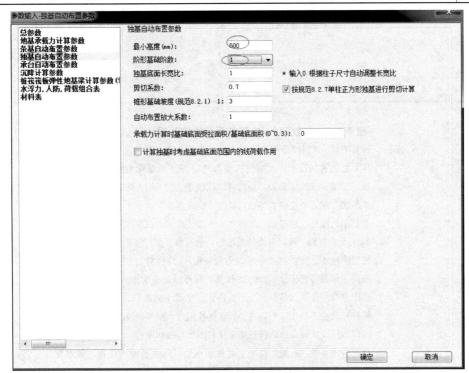

图 4.1-5 参数输入/独基自动布置基础

注：1. 最小高度：根据图集 16G101-3 第 66 页 1 大样，柱钢筋在基础中的直锚段长度要满足 $\geqslant 20d$（d 为柱纵筋直径）且 $\geqslant 0.6l_{abE}$，根据常用的 C30 混凝土和 HRB400 钢筋查表：$l_{abE} = 37d$，即 $0.6 \times 37d = 22.2d$，当柱纵筋最大为 25mm 时，柱钢筋在基础中的最小直锚段长度为 $22.2 \times 25 = 555\text{mm}$，因此建议独基最小高度取 600mm。

2. 阶形基础阶数：独立基础＋防水板可填写 1 阶；其他根据实际工程填写或自动计算。

3. 其他参数可按默认值或根据实际工程填写。

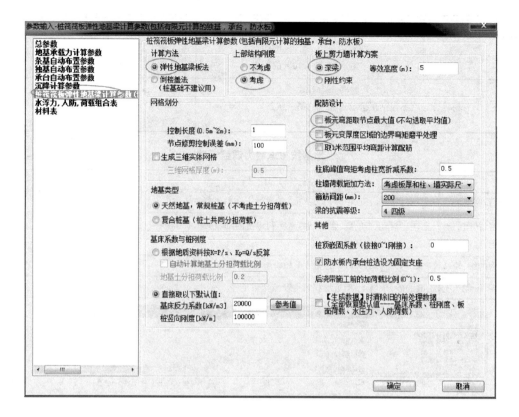

图 4.1-6 参数输入/桩筏筏板弹性地基梁计算参数

注：1. 计算方法："倒楼盖法"不考虑土的基床系数（弹簧刚度），一般与基床系数相关的计算，比如筏板要勾选"弹性地基梁板法"；对于防水板，不能定义基床系数，应选择"倒楼盖法"，哪怕勾选了"弹性地基梁板法"法，盈建科程序也默认为"倒楼盖法"计算。

2. 上部结构刚度：应考虑。考虑后，一般更真实，底部配筋更小。

3. 基床反力系数：可以查看地勘报告，也可以根据沉降值反算基床系数。

4. 桩竖向刚度：抗拔刚度＝承载力特征值/允许位移（10mm）估算，一般可用承载力特征值×100×2试算，程序默认值为100000；地基土的基床系数软件默认是只抗压不抗拉的，所以不需要指定抗拉刚度为0。锚杆只抗拉不抗压，所以需要指定抗拉刚度，抗压刚度为0，抗拔桩既可以抗压及抗拉，所以需要指定抗拉刚度与抗压刚度。

5. 桩顶嵌固系数：一般工程施工时桩顶钢筋只将主筋伸入筏板，很难完成弯矩的传递，出现类似塑性铰的状态，只传递竖向力不传递弯矩，可填写0；对于预应管桩，一般填写0，灌注桩等，可以填0.5~1。

6. 配筋设计：一般均不勾选，查看配筋结果，当承台高度与底板厚度高差比较大时，往往配筋结果异常，很大；这个时候可以勾选"取1m范围平均弯矩计算配筋"；如果配筋结果还是很大，则勾选"板元变厚度区域的边界弯矩磨平处理"，会发现配筋会减小至构造配筋，此时可以根据经验，在承台边附加钢筋。

7. 其他参数可按默认值或根据实际工程填写。

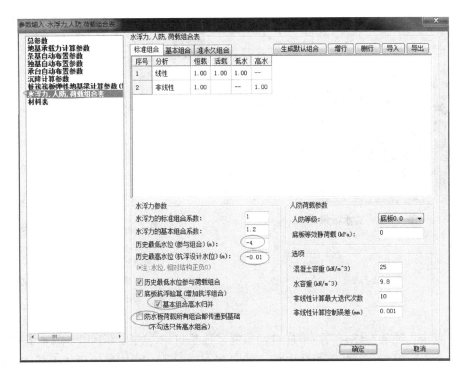

图 4.1-7 参数输入/水浮力，人防，荷载组合表

注：1. 对于高水工况，假定结构整体处于受拉状态，桩（包括锚杆）采用抗拉刚度进行计算，忽略土的刚度，采用了倒楼盖的计算模型；对于其他工况，假定结构整体处于受压状态，桩（包括锚杆）采用抗压刚度进行计算，考虑土的刚度；低水性质是永久荷载，起抵消部分恒载的有利作用，一般不考虑（海边城市会考虑）；高水性质是可变荷载，是不利作用，大部分工程需要考虑。

2. 荷载组合：

广东省《荷规》3.2.5：按历史最高水位计算承载力时，水压力分项系数取 1.0，其他情况取 1.2，盈建科默认的是 1.2。

标准组合 1.0 恒－1.0 浮（整体抗浮）；标准组合 1.0 恒＋1.0 活－1.0×低水（基底压力、桩反力）；标准组合 1.0 恒－1.0×高水（基底压力、桩反力）；

基本组合 1.3 恒＋1.5 活－1.2×低水（基础弯矩、配筋）；基本组合 1.0 恒－1.2×高水（基础弯矩、配筋）；

准永久组合：恒＋0.5 活－低水（沉降计算）

3. 历史最低水位，历史最高水位（负数，相对结构正负 0）：一般根据实际情况填写，如果因为填写负数，导致水浮力变小，可以点击：基础计算及结果输出/防水板设计/水浮力（历史最高）、水浮力（历史最低），修改水浮力的值，其向上为正，修改完成后，应再次计算，如图 4.1-8、图 4.1-9 所示，也可以在楼层组装时，把层高加高，让程序正确地考虑水浮力。

4. 防水板荷载所有组合都传递到基础：

不勾选，则防水板的内力、荷载会传给基础（只影响独立基础或承台的对应含有高水组合计算，如恒＋活－高水），勾选传给基础所有组合（不管是否含有高水，如恒＋活）。

在实际设计中，1.0 恒＋1.0 活－1.0×低水＞0，力直接由地面土承担时，则可以不勾选。

5. 底板抗浮验算（增加抗浮组合）：防水板内基础基底压力桩反力，考虑防水板对基础的影响，必须勾选这一项；考虑高水工况之后，一般会增加基础构件的内力及配筋结果。

6. 其他参数可按默认值或根据实际工程填写。

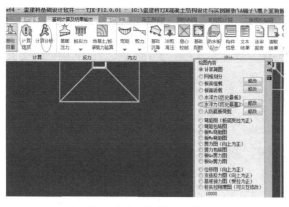

图 4.1-8　防水板设计

图 4.1-9　参数输入/材料表

注：由于有人防，便于混凝土浇筑，强度级别
一般填写 C35，一般根据实际工程选择；
防水板受到高水位的作用时，底板与土脱
离，最小配筋率按 0.2% 考虑。

（4）点击：独基/自动布置/单柱自动布置、独基归并，如图 4.1-10～图 4.1-12 所示。

（5）点击：筏板/布置/筏板防水板，如图 4.1-13 所示，用围区的形式生成防水板。

（6）点击：基础计算及结果输出/计算参数/生成数据/计算选项/计算分析，即可完成
防水板的计算，如图 4.1-14 所示。可以点击防水板设计/水浮力（历史最高）、水浮力
（历史最低），水浮力（历史最高）的值：60，其向上为正，修改完成后，应再次计算，点
击：基础配筋/防水板，即可根据计算结果配筋，如图 4.1-15、图 4.1-16 所示；点击构件
信息，即可查看整体抗浮结果（图 4.1-17）。

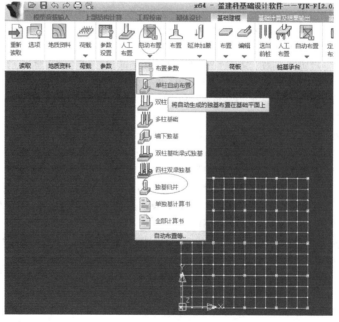

图 4.1-10　单柱自动布置（1）

图 4.1-11　单柱自动布置（2）

注：楼层组装时基底标高为－4.000m，一般是相对于柱底，为了抗浮时准确计算
出水浮力，基底标高填写－0.500m（防水板板厚）。

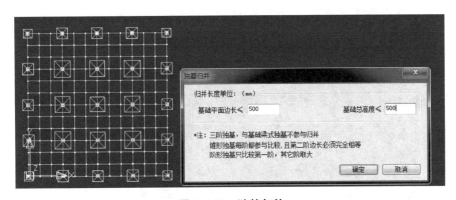

图 4.1-12　独基归并

注：不布置防水板时，可以点击：基础施工图/新绘底图，查看独立基础的配筋；布置防水板并完成计算后，点
击：基础施工图/新绘底图/板区、筏板防水板、独基，会发现考虑水浮力作用后，独立基础配筋增大很多。

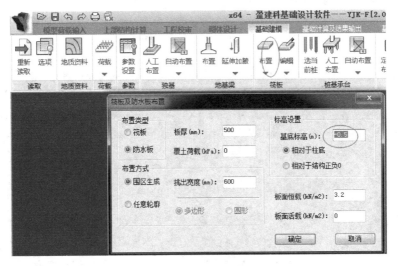

图 4.1-13　生成防水板

注：楼层组装时基底标高为－4.0，一般是相对于柱底，为了抗浮时准确计算出水
浮力，基底标高填写－0.5（防水板板厚）。

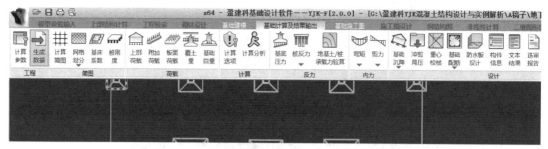

图 4.1-14　基础计算及结果输出

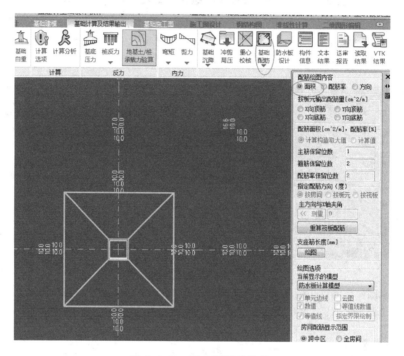

图 4.1-15　防水板配筋结果

图 4.1-16　防水板配配筋说明

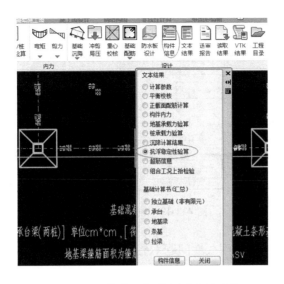

图 4.1-17 构件信息/抗浮稳定性验算

注：抗浮稳定些验算时，应考虑独立基础的重量。

4.1.5 车道抗浮设计

1. 图纸

车道建筑剖面及结构平面布置如图 4.1-18、图 4.1-19 所示。

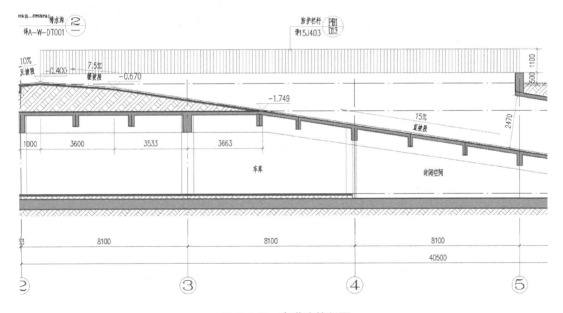

图 4.1-18 车道建筑剖面

2. 锚杆抗浮相关知识

锚杆是在底板和其下土层之间的拉杆，当底板下有坚硬土层其深度不大时，锚杆是一种简单又经济的方法；锚杆的直径一般为 150～180mm。设置锚杆时应注意，当地下水对

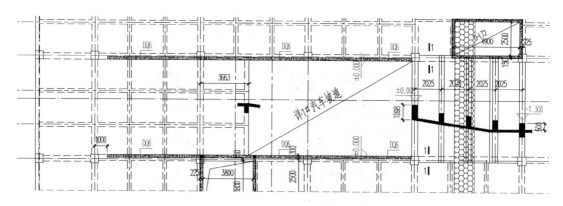

图 4.1-19　坡道结构平面

钢筋有侵蚀作用时，细锚杆的耐久性问题不易解决，如果因腐蚀造成锚杆失效，会造成严重后果。

3. 车道整体抗浮计算

由于车道周边有覆土一侧整体抗浮满足要求，根据"补强"方法，只要在车道没有覆土一侧布置锚杆，就能满足整体抗浮。

汽车坡道顶板厚 120mm，主梁截面 300×700 及 300×600，次梁 250×600，车道柱距 8100mm×8100mm，折算板厚：120mm＋（300×700＋250×600×2）×8100/8100/8100＝190mm，由于缺少顶板覆土，自重为：（0.5＋0.19）×25＋0.2×18＝21kN/m²，21/61＝0.345<1.05，整体抗浮不能满足要求，需设置抗浮锚杆，抗浮锚杆需承担的水浮力为：61×1.05－21＝43kN/m²，锚杆间距为 2m×2m，则单根抗浮锚杆承载力标准值为 43×4＝172kN，取 180kN。

4. 地勘报告

查看建筑总图，可知建筑 ±0.00 标高的绝对标高为 111.300m，从建筑 ±0.00 标高（111.300m）向下 6.300m（5.9＋0.5 底板厚）开始计算锚杆的抗拔承载力，即从绝对标高 105m 开始计算锚杆的抗拔承载力；查看勘探点剖面图可知，从 ±0.00 标高起分别为回填土、硬塑黏土、中风化泥岩等，算出锚杆进入硬塑黏土的厚度为 6m，令锚杆进入中风化泥岩的厚度为 3m。

5. 车道锚杆计算书

锚杆计算用 excel 表格，如图 4.1-20 所示。

6. 锚杆设计时应注意问题

《全国民用建筑工程设计技术措施 2009》7.3.1-5：对于全于粘接型非预应力锚杆，土层锚杆的锚固段长度不应小于 4m，且不宜大于 10m；岩石锚杆的锚固段长度不应小于 3m，且不宜大于 45D 和 6.5m；锚杆的间距，应根据锚杆所锚定构筑物及其周边地层整体稳定性确定；锚杆的间距除必须满足锚杆的受力要求外，尚需大于 1.5m；所采用的间距更小时，应将锚固段错开布置；

《全国民用建筑工程设计技术措施 2009》7.3.1-8：岩石锚杆基础的构造要求如图 4.1-21 采用，图中 d_1 为锚杆孔直径，d 为锚杆直径，L 为锚杆的有效锚固长度；锚杆孔直径①取为锚杆直径 3 倍，但不应小于一倍锚杆直径加 50mm。

抗浮锚杆计算书

（根据《建筑边坡工程技术规范》GB 50330—2013） 　　2018年11月22日

一、构件信息

1. 工程名称　　1
2. 子项名称　　地下室
3. 构件编号　　1

二、抗浮计算

1. 结构自重标准值 G_k　　21.00 kN/m² ，G_k 为结构自重和恒载标准值的总和，不包括活荷载
2. 抗浮设防水位标高 H_w　　6.100 m
3. 防水板底标高 H_{bot}　　0.000 m
4. 浮力标准值 F_f　　61.00 kN/m²　　$F_f = (H_w - H_{bot})\gamma_w$，取 $\gamma_w = 10 \text{kN/m}^3$
5. 抗浮安全系数 K_f　　1.05　　，一般取值为 1.0~1.1
6. 需要锚杆提供的拉力标准值 N_f　　43.05 kN/m²　　$N_f = K_f F_f - G_k$
7. 整体抗浮是否需要设置锚杆　　**需要锚杆**

三、土层物理力学参数

	土层名称	f_{rbk}(kPa)	γ_i(kN/m³)
1.	填土	0	
2.	回填泥岩	0	16.0
3.	黏土	60	19.0
4.	粉质黏土	40	19.5
5.	淤泥	30	18.0
6.	强风化泥岩	80	23.0
7.	中风化泥岩	270	25.0
8.	中风化泥质砂岩	300	23.5
9.	强风化砂岩	110	21.0
10.	中风化砂岩	320	23.5
11.			
12.			
13.			
14.			

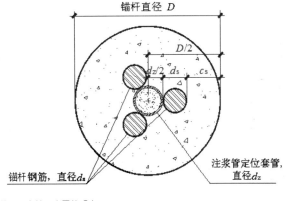

注：表中 f_{rbk} 为岩土层与锚固体极限粘结强度标准值，γ_i 为第 i 土层的重度。

四、锚杆工作条件参数

1. 边坡工程安全等级　　二级　　，《规范》表3.2.1
2. 钻头直径 D_0　　0.127 m　　，在岩层中，锚杆直径取钻头直径 D_0
3. 土层中锚杆直径 D　　0.150 m
4. 锚杆类型　　永久性锚杆
5. 锚杆杆体抗拉安全系数 K_b　　2.00　　，《规范》表8.2.2
6. 锚杆锚固体抗拔安全系数 K　　2.40　　，《规范》表8.2.3-1
7. 锚杆的岩层工作系数 k　　1　　，锚杆同时穿越土层及岩层时，对岩层参数的修正系数

五、锚杆土层布置情况

	土层组成	l_i(m)	f_{rbki}(kPa)	u_i(m)	$u_i l_i f_{rbki}$	γ_{fi}	$l_i \gamma_{fi}$
1.	填土	0.00		0.471		-10.0	
2.	黏土	6.00	60	0.471	169.646	9.0	54.000
3.	中风化泥岩	3.00	270	0.399	323.176	15.0	45.000
4.							
5.							
6.							
7.							
8.							
9.							
10.							

注：表中 l_i 为第 i 土层的锚杆锚固段有效长度；$u_i = \pi D$，其中 D 为锚杆直径；γ_{fi} 为第 i 层土的浮重度。

六、锚杆轴向拉力标准值 N_{ak}

1. 锚杆锚固段长度 l_a　　9.000 m　　$l_a = \Sigma\, l_i$
2. 按 f_{rbk} 计算的标准值 N_{ak-c}　　205.34 kN　　$N_{ak-c} \leq \Sigma\,(u_i l_i f_{rbki})/K$

图 4.1-20　锚杆计算书（一）

七、锚杆布置

1. 采用的锚杆轴向拉力标准值 N_{ak}　　180 kN　　　, N_{ak} 不应大于 $N_{ak\text{-}c}$ 的值
2. 单根锚杆可服务的面积 A_t　　4.18 m^2　　　$A_t = N_{ak} / N_f$
3. 锚杆布置方式　　正方形　　　, 可按正方形或正三角形布置锚杆
4. 锚杆布置间距 a_t　　2.045 m　　　, 正方形 $a_t = A_t^{1/2}$; 正三角形 $a_t = 1.074 A_t^{1/2}$
5. 间距取用值 a　　2.000 m　　　a 宜取 0.9~1.0 倍 a_t
6. 按 a 布置时锚杆服务面积 A_{ta}　　4.00 m^2　　　, 正方形 $A_{ta} = a^2$; 正三角形 $A_{ta} = 0.866 a^2$
7. 锚杆长度内土的加权浮重度 γ_{ge}　　11.00 kN/m^3　　　$\gamma_{ge} = \Sigma (l_i \gamma_{\text{浮}i}) / l_a$
8. 单根锚杆可考虑的土挂重 G_e　　396.00 kN　　　$G_e = A_{ta} l_a \gamma_{ge}$

八、锚杆配筋计算

1. 采用的钢筋种类　　HRB400　　　, 宜采用热轧带肋钢筋
2. 水泥砂浆强度等级　　M30
3. 钢筋强度设计值 f_y　　360 N/mm^2
4. 钢筋屈服强度标准值 f_{yk}　　400 N/mm^2
5. 所需钢筋面积 A_{sc}　　1000 mm^2　　　$A_{sc} = K_b N_{ak} / f_y$
6. 选用钢筋根数 n_s　　3　根　　　, 钢筋根数可选 2 或 3 ; 当锚杆直径大于 150mm 时, 也可选 4
7. 计算需要钢筋直径 d_{sc}　　20.60 mm　　　$d_{sc} = [4A_{sc} / (n_s \pi)]^{1/2}$
8. 选用钢筋直径 d_s　　22 mm　　　, 选用 3Φ22
9. 实配钢筋面积 A_s　　1140 mm^2　　　$A_s = n_s \pi d_s^2 / 4$
10. 配筋率 ρ_s　　6.5%　　　$\rho_s = A_s /(\pi D^2 / 4)$, 应不大于 20%

九、锚杆长度验算

1. 钢筋是否点焊成束　　否
2. 粘结强度折减系数　　1.00
3. 钢筋与砂浆粘结强度 f_b　　2.40 MPa
4. 钢筋与砂浆锚固长度 l_{as}　　0.868 m　　　$l_{as} = K N_{ak} / (n_s \pi d_s f_b)$, 应 $\leqslant l_a$

十、锚杆裂缝验算

1. 可变荷载准永久值系数 ψ_q　　0.90
2. 裂缝控制宽度 ω_{lim}　　0.200 mm
3. 受拉钢筋应力 σ_{sq}　　142.06 N/mm^2　　　$\sigma_{sq} = \psi_q N_{ak} / A_s$
4. 混凝土抗拉强度 f_{tk}　　2.01 N/mm^2
5. 钢筋弹性模量 E_s　　200000 N/mm^2
6. 有效受拉钢筋配筋率 ρ_{te}　　0.065　　　$\rho_{te} = A_s /(\pi D^2/4)$, 取 $\rho_{te} \geqslant 0.01$
7. 钢筋应变不均匀系数 ψ　　0.957　　　$\psi = 1.1 - 0.65 f_{tk} / (\rho_{te} \sigma_{sq})$, 取 $\psi = 0.20$~1.00
8. 注浆管定位套管外径 d_z　　25 mm　　　, 注浆管定位套管位于钢筋之间, d_z 应 $\geqslant d_s$
9. 钢筋保护层厚度 c_s　　40.5 mm　　　$c_s = (D - d_z)/2 - d_s$ 且应 $\geqslant d_s$, 计算裂缝时 $c_s = 20$~65mm
10. 裂缝最大宽度 ω_{max}　　0.191 mm　　　$\omega_{max} = a_{cr} \psi \sigma_{sq} (1.9 c_s + 0.08 d_{eq}/\rho_{te}) / E_s$

十一、锚杆试验荷载验算

1. 基本试验最大荷载 Q_1　　411 kN　　　$Q_1 = 0.9 f_{yk} A_s$, 《规范》第 C.2.2 条
2. 基本试验荷载放大系数 β_1　　2.28　　　$\beta_1 = Q_1 / N_{ak}$
3. 验收试验荷载放大系数 β_2　　1.5　　　, 《规范》第 C.3.4 条
4. 验收试验荷载值 Q_2　　270 kN　　　$Q_2 = \beta N_{ak}$

十二、结论

1. 结构自重标准值 $G_k = 21.00$ kN/m^2, 浮力标准值 $F_f = 61.00$ kN/m^2, 抗浮安全系数 $K_f = 1.05$; 整体抗浮时需设抗浮锚杆。
2. 边坡工程安全等级: 二级; 锚杆类型: 永久性锚杆; 土层中锚杆直径 $D = 0.150$ m, 岩层中锚杆直径 $D_e = 0.127$ m。
3. 锚杆有效锚固长度 $l_a = 9.000$ m, 锚杆轴向拉力标准值 $N_{ak} = 180$ kN。
4. 锚杆采用正方形布置, 间距 $a = 2.000$ m, 锚杆纵筋 3Φ22, $A_s = 1140$ $mm^2 \geqslant A_{sc} = 1000$ mm^2, 满足要求。
5. 单根锚杆服务面积 $A_{ta} = 4.00$ m^2; 单根锚杆可考虑的土挂重 $G_e = 396.00$ kN $> N_{ak} = 180.00$ kN, 不会发生群锚破坏。
6. 锚杆采用 M30 水泥砂浆灌注, 钢筋的锚固长度 $l_{as} = 0.868$ m $\leqslant$ 锚杆锚固段长度 $l_a = 9.000$ m, 满足要求。
7. 可变荷载 (锚杆轴力) 准永久值系数 0.90; 裂缝最大宽度 0.191 mm $\leqslant$ 裂缝控制宽度 0.200 mm, 满足要求。
8. 基本试验最大荷载 $Q_1 = 411$ kN, 验收试验荷载值 $Q_2 = 270$ kN。

图 4.1-20　锚杆计算书 (二)

7. 软件操作

（1）修改模型

做结构设计时在软件中能精确输入是最好的，如果在实际设计过程中，由于软件存在很多假设及实际工程的复杂性，偏于保守包络设计也是一种解决问题的办法。

删除模型中车道处的主次梁，然后勾选"自动计算现浇板自重"，恒载输入 31，活载输入 5.0，车道处改变导荷方式，改为"梯形三角形传导"，恒载输入 1.0（不考虑覆土重），活载输入 4.0，然后计算分析，如图 4.1-22 所示。

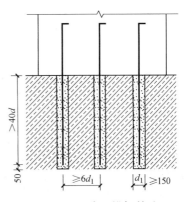

图 4.1-21 岩石锚杆基础

（2）参考"4.1.4 防水板抗浮设计"，布置独立基础及防水板，点击："导入 dwg"/打开，选择在 CAD 中用圆命令画好的锚杆布置图（图 4.1-24），然后填写相关数据，点击："桩"，在导入的 dwg 中选择桩，最后点击"插入点"，在导入的 dwg 中选择插入点，点击："确定"，如图 4.1-23、图 4.1-25 所示。

（3）点击：桩/定义桩/修改，根据实际情况修改，如图 4.1-26 所示。

（4）修改防水板属性

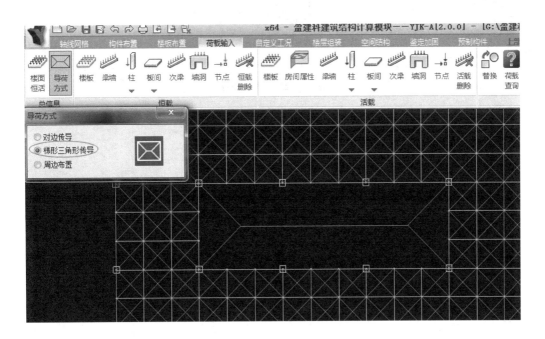

图 4.1-22 模型 1

注：1. 布置车道梁时，车道两侧的封边斜梁（或剪力墙）与地下室顶板两侧的水平框梁（或剪力墙）均在同一竖直方向；如果两侧都是剪力墙封边，则不存在施工"打架"问题；如果车道两侧的封边斜梁与地下室顶板两侧的水平框梁"打架"，"打架"范围小则让其"打架"，"打架"范围大则在地下室顶板建一个高梁（满足净高）或者梁上吊斜板。由于是四边受力，所以车道处改变导荷方式，改为"梯形三角形传导"。

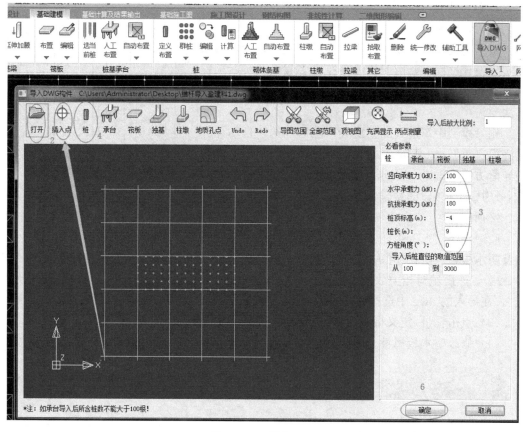

图 4.1-23　导入 dwg

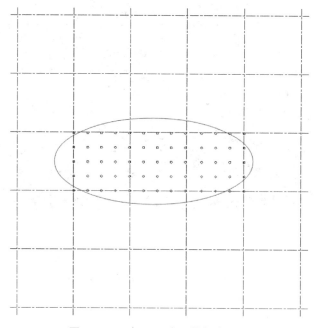

图 4.1-24　在 CAD 中画锚杆布置图

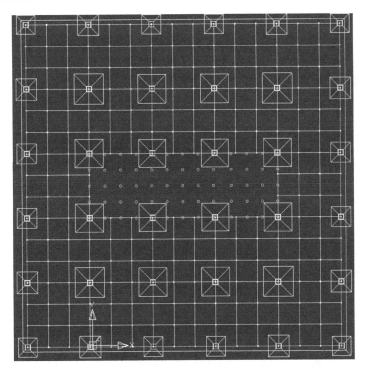

图 4. 1-25 导入锚杆布置图

注：点击屏幕右下方的"顶视图"，检查模型的正确性。

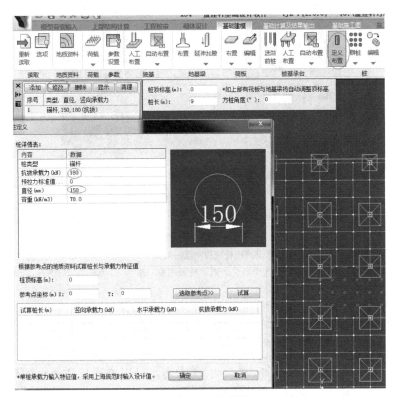

图 4. 1-26 修改桩

双击防水板，在弹出的对话框中，将防水板改为筏板，如图 4.1-27 所示。YJK 的锚杆布置在防水板上是不起作用的，需要布置在筏板上才能起到抗拔作用。当底板为筏板则可以直接在底板上布置锚杆，并将筏板的基床系数修改为 0（不能将独立基础的基床系数改为 0），这样可以比较准确地计算出水浮力作用下的局部变形等情况。

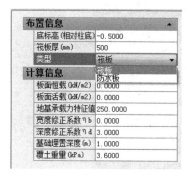

图 4.1-27　布置信息

（5）点击：基础计算及结果输出/计算参数，根据"4.1.4 防水板抗浮设计"填写相关参数，由于是筏板，必须选择"弹性地基梁板法计算"；点击：生成数据/基床系数，把筏板的基床系数改为 0（不能将独立基础的基床系数改为 0）；点击：桩刚度，将锚杆的抗压刚度改为 0，抗拔刚度改为 18000×2＝36000（抗拔承载力标准值×2×100），锚杆按抗拔极限承载力/允许位移（10mm）估算初始抗拔刚度，弯曲刚度为 0，点击添加/按"桩定义修改刚度"分别修改抗压刚度，抗拉刚度和抗弯刚度，如图 4.1-28、图 4.1-29 所示。

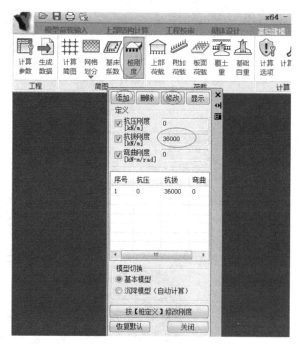

图 4.1-28　桩刚度

注：1. 承载力特征值×100 的方法算出的锚杆抗拔刚度一般偏小，应根据实验结果算出抗拔刚度后反代入盈建科软件中；如果锚杆进入中风化岩石，抗拔刚度一般为 10 万～30 万 kN/m，其他稍好的土，一般 5 万～7 万 kN/m。

　　2. 当抗浮不满足时，比如一层地下室局部抗浮不满足要求，二层地下室抗浮不满足要求，有的设计院尽量在独立基础下面设置抗拔锚杆，虽然比较浪费，但受力明确，安全性更好。独立基础下布置锚杆不能抵抗水浮力时，再在底板满布置锚杆。

（6）点击：计算选项/计算分析/桩反力/竖向力，可以查看抗拔锚杆的竖向拉力；点击：基础配筋/基本模型，可以查看防水板的配筋计算结果，如图 4.1-30 所示。

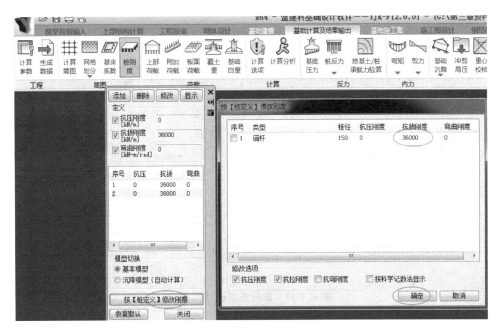

图 4.1-29 按桩定义修改刚度

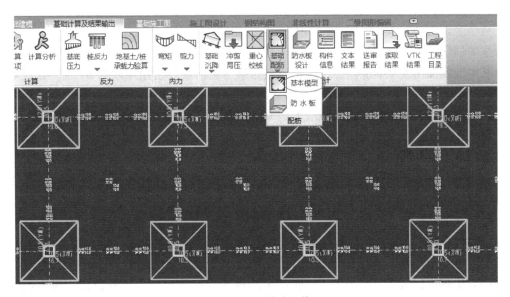

图 4.1-30 基础配筋

注：如果查看得到的锚杆拉力值比锚杆抗拔承载力特征值小很多，可以加大锚杆间距，重新计算。点击：
计算选项/计算分析/桩反力/竖向力，可以查看抗拔锚杆的竖向拉力，本项目抗拔拉力比较小，于是
加大锚杆间距，变成 2.7m×2.7m，在 CAD 中重新画出锚杆布置图，导入盈建科中计算分析。

8. 基础施工图

点击：基础施工图/重新读取/新绘底图/筏板防水板、独基，即可查看独立基础考虑
水浮力作用下的配筋。

9. 施工图（图 4.1-31）

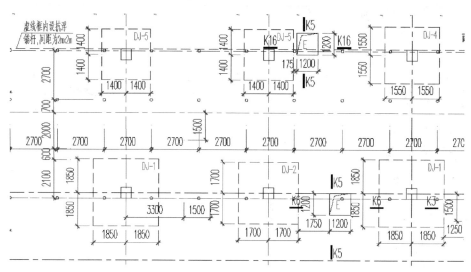

图 4.1-31　锚杆布置图（局部）

4.2　抗浮实例解析 2（二层地下室：独立基础＋抗浮锚杆）

4.2.1　工程概况

某小区，塔楼有 10 栋，二层地下室（负一层层高 3.9m，负二层层高 4.0m），结构形式为框架结构，地下室顶板采用井字梁，负一层顶板采用单向次梁，抗震设防烈度 6 度，设计基本地震加速度 $0.05g$，设计地震分组为第一组，设计使用年限为 50 年。建设场地 Ⅱ 类，特征周期值为 0.35s，非塔楼周边 3 跨的框架抗震等级为四级，塔楼周围（塔楼＋三跨）的抗震等级随主楼，基本风压值为 $0.35kN/m^2$，基本雪压值为 $0.45kN/m^2$。本项目总面积 45828m²，其中人防面积 895m²；覆土 1.5m，顶板标高为－1.8m，负一层顶板建筑面标高－5.700，负二层底板结构面标高－9.700，室外标高－0.300，柱网 8.1m×8.1m；本地区雨水较多，地下室抗浮设防水位不用地勘报告给出的设计水位，而是以室外地坪为设防水位。

底板、独立基础、外墙、顶板、梁及柱子等混凝土强度等级均为 C35，在实际底板设计中，底板高度不一样，抗浮水位也不一样，独立基础持力层也不一样，由于篇幅限制，本章节以 4×4 跨的 8.1m×8.1m 柱网试算，独立基础的持力层为卵石（承载力特征值 300kPa）为例进行试算，给出地下室底板抗浮设计的软件操作及手算过程，得出锚杆的布置间距、锚杆配筋及基础截面尺寸，最后用试算得出的数据去设计大的地下室。

4.2.2　荷载

室外部分：按照建筑提资 1.5m 覆土：31kN/m²（恒载：1.5×20＋1）；室外：5kN/m²（活载）；消防车道和扑救面：35kN/m²（活载）；

覆土 1.5m（《荷规》：表 B.0.2，折减系数 0.79）、板跨 2.7m×2.7m（《荷规》：表 5.1.1，折减系数 1.0），计算板：35×0.79＝28kN/m²（活载）；计算梁、柱：35×0.79×0.8＝22kN/m²（活载）；计算基础时：5kN/m²（活载）。

负一层顶板：恒载 2.0，活载参考《荷规》5.1.1 取 4.0kN/m²（计算板），参考《荷规》5.1.2 取 3.2kN/m²（计算梁），参考《荷规》5.1.2 取 2.0kN/m²（计算墙柱及基础）。

4.2.3　截面尺寸

室外地下室顶板：250mm（防水考虑）；经过建模试算，地下室顶板非消防车及扑救场地范围主梁 450×900，次梁 300×650；地下室顶板消防车及扑救场地范围主梁 450×1000，次梁 300×700，由于消防车及扑救场地范围形状复杂，为了方便建模，主梁统一取 450×1000，次梁取 300×700。

负一层顶板，次梁取 250×600、与次梁平行的主梁取 300×600，与次梁垂直的主梁取 300×700。

4×4 跨的 8.1m×8.1m 柱网试算，独立基础的持力层为卵石（承载力特征值 300kPa），基础埋深 1m，独立基础的尺寸为 3800m（长）×3800m（宽）×800m（高）。

4.2.4　抗浮设计

1. 规范规定

根据《建筑地基基础设计规范》GB 50007—2011 第 5.4.3 条可知，应使水浮力 $N_{w.k}$ 与结构自重 G_k 的关系应满足 $G_k/N_{w.k} \geqslant 1.05$。如果整体抗浮不通过，一般采用设置抗浮锚杆或者柱下设置抗拔桩去抗浮。如果差值比较小，可以采用配重抗浮的方式。比如，在底板上部设置低等级混凝土或钢渣混凝土压重，或设置较厚的钢筋混凝土底板。

2. 整体抗浮计算

一般地下室大于等于 2 层时，才采用锚杆或者抗拔桩抗浮。本项目二层地下室，根据经验，假设底板厚度 400mm，抗浮水头 9.8（9.7－0.3＋0.4 底板厚）m，水浮力：98kN/m²。顶板覆土厚 1.5m，取重度 20kN/m³，即覆土面荷载为 30kN/m²。

柱网尺寸 8100×8100，柱子截面 600×600，柱子总高度 7900（3900＋4000）mm，折算板厚 h_1＝600×600×7900/8100/8100＝43.3mm。

地下室顶板井字梁布置，主梁截面 450×1000，次梁 300×700，板厚 250mm，折算板厚 h_2＝450×1000×8100×2/8100/8100＋300×700×8100×4/8100/8100＋250＝465mm。

地下室负一层顶板单向次梁布置，主梁截面 300×700mm，300×600mm；次梁 250×600mm，板厚 120mm，折算板厚 h_2＝(300×700×8100＋300×600×8100)/8100/8100＋250×600×8100×2/8100/8100＋120＝205mm。

底板厚 400mm，独立基础最小 3800×3800，高度 800mm，折算底板厚＝400＋3800×3800×800/8100/8100＝576mm；底板上有 200mm 建筑回填（包含面层），平均重度取 18kN/m³。

自重合计：30＋25×（0.043＋0.465＋0.205＋0.576）＋3.6＝65.8kN/m²。

65.8/98＝0.671＜1.05，整体抗浮不要求，需要设置抗浮锚杆；抗浮锚杆需承担的水浮力为 98×1.05－65.8＝37.1kN/m²

单根抗浮锚杆承载力标准值为 37.1×4＝148.4kN，取 160kN，锚杆间距为 2m×2m。

3. 地勘报告

查看建筑总图，可知建筑±0.000 标高的绝对标高为 120.000m，从建筑±0.000 标高（12.000m）向下 10.100m（9.7＋0.4 底板厚）开始计算锚杆的抗拔承载力，即从绝对标高 109.900m 开始计算锚杆的抗拔承载力；查看勘探点剖面图可知，从±0.000 标高起分别为回填土、硬塑黏土、卵石、中风化泥岩等，算出锚杆进入卵石的厚度为 4m，令锚杆进入中风化泥岩的厚度为 3m。

4. 底板锚杆计算书

锚杆计算用 excel 表格，如图 4.2-1 所示。

抗浮锚杆计算书
（根据《建筑边坡工程技术规范》GB50330-2013）

一、构件信息

1. 工程名称　　　xx1
2. 子项名称　　　地下室
3. 构件编号　　　xx2

二、抗浮计算

1. 结构自重标准值 G_k 　　65.80　kN/m² ，G_k 为结构自重和恒载标准值的总和，不包括活荷载
2. 抗浮设防水位标高 H_w 　　9.800　m
3. 防水板底标高 H_{bot} 　　0.000　m
4. 浮力标准值 F_f 　　98.00　kN/m² $F_f = (H_w - H_{bot})\gamma_w$，取 $\gamma_w = 10$kN/m³
5. **抗浮安全系数 K_f** 　　1.05 ，一般取值为1.0~1.1
6. 需要锚杆提供的拉力标准值 N_f 　　37.10　kN/m² $N_f = K_f F_f - G_k$
7. 整体抗浮是否需要设置锚杆　　**需要锚杆**

三、土层物理力学参数

	土层名称	f_{rbk}(kPa)	γ_i (kN/m³)
1.	填土	0	
2.	回填泥岩	0	16.0
3.	黏土	60	19.0
4.	粉质黏土	40	19.5
5.	淤泥	30	18.0
6.	强风化泥岩	80	23.0
7.	中风化泥岩	270	25.0
8.	中风化泥质砂岩	300	23.5
9.	强风化砂岩	110	21.0
10.	中风化砂岩	320	23.5
11.	卵石	180	20.0
12.			
13.			
14.			

注：表中 f_{rbk} 为岩土层与锚固体极限粘结强度标准值，γ_i 为第 i 土层的重度。

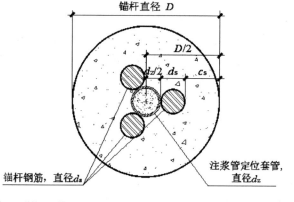

锚杆直径 D

锚杆钢筋，直径 d_s

注浆管定位套管，直径 d_z

四、锚杆工作条件参数

1. 边坡工程安全等级　　**二级** ，《规范》表3.2.1
2. 钻头直径 D_0 　　0.127 m ，在岩层中，锚杆直径取钻头直径 D_0
3. 土层中锚杆直径 D 　　0.150 m
4. 锚杆类型　　**永久性锚杆**
5. 锚杆杆体抗拉安全系数 K_b 　　2.00 ，《规范》表8.2.2
6. 锚杆锚固体抗拔安全系数 K 　　2.40 ，《规范》表8.2.3-1
7. 锚杆的岩层工作系数 k 　　1 ，锚杆同时穿越土层及岩层时，对岩层参数的修正系数

五、锚杆土层布置情况

	土层组成	l_i(m)	f_{rbki}(kPa)	u_i(m)	$u_i l_i f_{rbki}$	γ_{fi}	$l_i \gamma_{fi}$
1.	填土	0.00		0.471		-10.0	
2.	卵石	4.00	180	0.471	339.292	10.0	40.000
3.	中风化泥岩	3.00	270	0.399	323.176	15.0	45.000
4.							
5.							
6.							
7.							
8.							
9.							
10.							

注：表中 l_i 为第 i 土层的锚杆锚固段有效长度；$u_i = \pi D$，其中 D 为锚杆直径；γ_{fi} 为第 i 层土的浮重度。

图 4.2-1　锚杆计算书（一）

六、锚杆轴向拉力标准值 N_{ak}

1. 锚杆锚固段长度 l_a 7.000 m $l_a = \Sigma\, l_i$
2. 按 f_{tbk} 计算的标准值 N_{ak-c} 276.03 kN $N_{ak-c} \leqslant \Sigma\,(u_i\, l_i\, f_{tbki})\,/\,K$

七、锚杆布置

1. 采用的锚杆轴向拉力标准值 N_{ak} 160 kN   ，N_{ak} 不应大于 N_{ak-c} 的值
2. 单根锚杆可服务的面积 A_t 4.31 m² $A_t = N_{ak}\,/\,N_f$
3. 锚杆布置方式   正方形   ，可按正方形或正三角形布置锚杆
4. 锚杆布置间距 a_t 2.077 m   ，正方形 $a_t = A_t^{1/2}$；正三角形 $a_t = 1.074\,A_t^{1/2}$
5. 间距取用值 a **2.000** m   ，a 宜取 0.9～1.0 倍 a_t
6. 按 a 布置时锚杆服务面积 A_{ta} 4.00 m²   ，正方形 $A_{ta} = a^2$；正三角形 $A_{ta} = 0.866\,a^2$
7. 锚杆长度内土的加权浮重度 γ_{ge} 12.14 kN/m³ $\gamma_{ge} = \Sigma\,(l_i\,\gamma_{ti})\,/\,l_a$
8. 单根锚杆可考虑的土挂重 G_e 340.00 kN $G_e = A_{ta}\,l_a\,\gamma_{ge}$

八、锚杆配筋计算

1. 采用的钢筋种类   HRB400   ，宜采用热轧带肋钢筋
2. 水泥砂浆强度等级   M30
3. 钢筋强度设计值 f_y 360 N/mm²
4. 钢筋屈服强度标准值 f_{yk} 400 N/mm²
5. 所需钢筋面积 A_{sc} 889 mm² $A_{sc} = K_b\, N_{ak}\,/\,f_y$
6. 选用钢筋根数 n_s 3 根   ，钢筋根数可选 2 或 3；当锚杆直径大于 150mm 时，也可选 4
7. 计算需要钢筋直径 d_{sc} 19.42 mm $d_{sc} = [4A_{sc}\,/\,(n_s\,\pi)]^{1/2}$
8. 选用钢筋直径 d_s 20 mm   ，选用 3Φ20
9. 实配钢筋面积 A_s 942 mm² $A_s = n_s\,\pi\,d_s^2\,/\,4$
10. 配筋率 ρ_s 5.3% $\rho_s = A_s\,/\,(\pi D^2\,/\,4)$，应不大于 20%

九、锚杆长度验算

1. 钢筋是否点焊成束   否
2. 粘结强度折减系数   1.00
3. 钢筋与砂浆粘结强度 f_b 2.40 MPa
4. 钢筋与砂浆锚固长度 l_{as} **0.849** m $l_{as} = K N_{ak}\,/\,(n_s\,\pi\,d_s\,f_b)$，应 $\leqslant l_a$

十、锚杆裂缝验算

1. 可变荷载准永久值系数 ψ_q **0.90**
2. 裂缝控制宽度 ω_{lim} 0.200 mm
3. 受拉钢筋应力 σ_{sq} 152.79 N/mm² $\sigma_{sq} = \psi_q\, N_{ak}\,/\,A_s$
4. 混凝土抗拉强度 f_{tk} 2.01 N/mm²
5. 钢筋弹性模量 E_s 200000 N/mm²
6. 有效受拉钢筋配筋率 ρ_{te} 0.053 $\rho_{te} = A_s\,/\,(\pi D^2\,/\,4)$，取 $\rho_{te} \geqslant 0.01$
7. 钢筋应变不均匀系数 ψ 0.940 $\psi = 1.1 - 0.65\, f_{tk}\,/\,(\rho_{te}\,\sigma_{sq})$，取 $\psi = 0.20\text{~}1.00$
8. 注浆管定位套管外径 d_z 80 mm   ，注浆管定位套管位于钢筋之间，d_z 应 $\geqslant d_s$
9. 钢筋保护层厚度 c_s 15.0 mm $c_s = (D - d_z)\,/\,2 - d_s$ 且应 $\geqslant d_s$，计算裂缝时 $c_s = 20\text{~}65\text{mm}$
10. 裂缝最大宽度 ω_{max} 0.132 mm $\omega_{max} = \alpha_{cr}\,\psi\,\sigma_{sq}(1.9c_s + 0.08 d_{eq}\,/\,\rho_{te})\,/\,E_s$

十一、锚杆试验荷载验算

1. 基本试验最大荷载 Q_1 339 kN $Q_1 = 0.9\, f_{yk}\, A_s$，《规范》第 C.2.2 条
2. 基本试验荷载放大系数 β_1 2.12 $\beta_1 = Q_1\,/\,N_{ak}$
3. 验收试验荷载放大系数 β_2 1.5   ，《规范》第 C.3.4 条
4. 验收试验荷载值 Q_2 240 kN $Q_2 = \beta N_{ak}$

十二、结论

1. 结构自重标准值 $G_k = 65.80$ kN/m²，浮力标准值 $F_f = 98.00$ kN/m²，抗浮安全系数 $K_f = 1.05$；整体抗浮时需设抗浮锚杆。
2. 边坡工程安全等级：二级；锚杆类型：永久性锚杆；土层中锚杆直径 $D = 0.150$ m，岩层中锚杆直径 $D_e = 0.127$ m。
3. 锚杆有效锚固长度 $l_a = 7.000$ m，锚杆轴向拉力标准值 $N_{ak} = 160$ kN。
4. 锚杆采用正方形布置，间距 $a = 2.000$ m；锚杆纵筋 3Φ20，$A_s = 942$ mm² $\geqslant A_{sc} = 889$ mm²，满足要求。
5. 单根锚杆服务面积 $A_{ta} = 4.00$ m²；单根锚杆可考虑的土挂重 $G_e = 340.00$ kN $\geqslant N_{ak} = 160.00$ kN，不会发生群锚破坏。
6. 锚杆采用 M30 水泥砂浆灌注，钢筋的锚固长度 $l_{as} = 0.849$ m $\leqslant$ 锚杆锚固段长度 $l_a = 7.000$ m，满足要求。
7. 可变荷载（锚杆轴力）准永久值系数 0.90；裂缝最大宽度 0.132 mm $\leqslant$ 裂缝控制宽度 0.200 mm，满足要求。
8. 基本试验最大荷载 $Q_1 = 339$ kN，验收试验荷载值 $Q_2 = 240$ kN。

图 4.2-1 锚杆计算书（二）

5. 软件操作

（1）在盈建科中建模，4×4 跨的 8.1m×8.1m 柱网，如图 4.2-2、图 4.2-3 所示，然后输入荷载，楼层组装，计算等。其他参考"4.1.4 抗浮设计"。

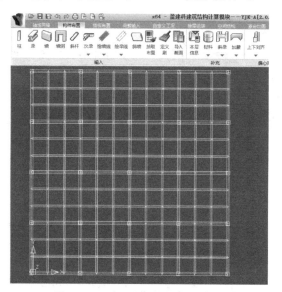

图 4.2-2 地下室顶板结构布置图

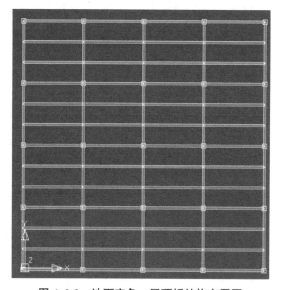

图 4.2-3 地下室负一层顶板结构布置图

（2）点击：基础设计/基础建模/荷载/荷载组合，填写相关参数。

（3）点击：参数设置，填写相关参数。

（4）点击：独基/自动布置/单柱自动布置、独基归并。

（5）点击：筏板/布置/筏板防水板，用围区的形式生成防水板。

（6）点击："导入 dwg"/打开，选择在 CAD 中用圆命令画好的锚杆布置图（图 4.2-5），然后填写相关数据，点击："桩"，在导入的 dwg 中选择桩，最后点击："插入点"，在导入的 dwg 中选择插入点，点击："确定"，如图 4.2-4～图 4.2-6 所示。

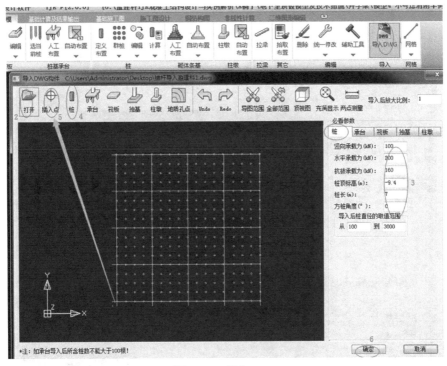

图 4.2-4 导入 DWG

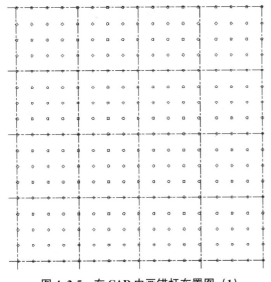

图 4.2-5 在 CAD 中画锚杆布置图（1）

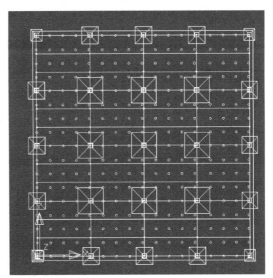

图 4.2-6 导入锚杆布置图

注：1. 点击屏幕右下方的"顶视图"，检查模型的正确性。

2. 锚杆在跨中布置时，水浮力直接上下平衡，锚杆的实际受力是四个角部受力比较小，跨中锚杆的受力比较大。

（7）点击：桩/定义桩/修改，根据实际情况修改，如图 4.2-7 所示。

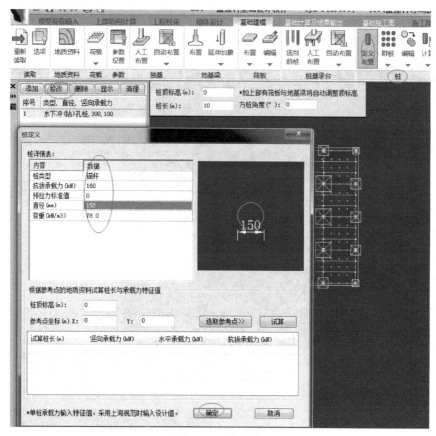

图 4.2-7 修改桩

（8）修改防水板属性

双击防水板，在弹出的对话框中，将防水板改为筏板，如图 4.2-8 所示。YJK 的锚杆布置在防水板上是不起作用的，需要布置在筏板上才能起到抗拔作用。当底板为筏板则可以直接在底板上布置锚杆，并将筏板的基床系数修改为 0（不能将独立基础的基床系数改为 0），这样可以比较准确地计算出水浮力作用下的局部变形等情况。

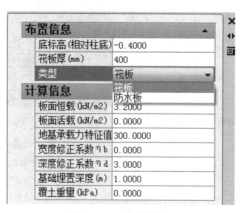

图 4.2-8 布置信息

（9）点击：基础计算及结果输出/计算参数，根据"4.1.4 防水板抗浮设计"填写相关参数，由于是筏板，必须选择"弹性地基梁板法计算"；点击：生成数据/基床系数，把筏板的基床系数改为 0（不能将独立基础的基床系数改为 0）；点击：桩刚度，将锚杆的抗压刚度改为 0，抗拔刚度改为 16000×2＝32000（抗拔承载力标准值×2×100），锚杆按抗拔极限承载力/允许位移（10mm）估算初始抗拔刚度，然后用框选的形式修改锚杆的刚度；点击添加/按"【桩定义】修改刚度"分别修改抗压刚度、抗拉刚度和抗弯刚度，如图 4.2-9～图 4.2-11 所示。

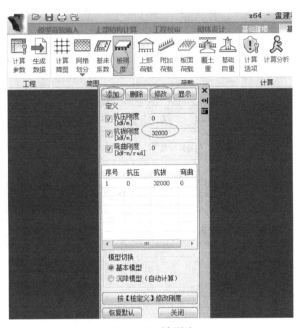

图 4.2-9 桩刚度

注：1. 锚杆最大拉力随其抗拉刚度的增大而增大，拉力分布会更不均匀；边跨底板跨中最大弯矩随着锚杆抗拉刚度的增大而减小；边跨底板支座最大弯矩则随着锚杆抗拉刚度的增大而增大，中间跨底板最大弯矩变化较少；底板跨中最大向上位移随着锚杆抗拉刚度的增大而减小。

2. 锚杆抗拉刚度对锚杆拉力、底板内力及变形影响较大，应在锚杆承载力基本试验中得到荷载-位移曲线图，据此推导出锚杆的实际刚度，将其输入基础、锚杆共同工作模型，从而得到真实的锚杆拉力、底板内力与变形，保证结构安全。

3. 锚杆可以采用不同的布置方式，如图 4.2-10 所示。当锚杆采用不同的布置方式时，存在不同的不均匀分布系数（锚杆最大拉力/锚杆平均拉力）：锚杆拉力不均匀分布系数值在 1.0～2.0 之间；锚杆跨中集中布置方式下不均匀分布系数值相对较小，建议边跨取 1.25，中间跨取 1.0；锚杆轴对称均匀布置方式下不均匀分布系数值，建议边跨取 1.5，中间跨取 1.25；对于其他锚杆布置方式下不均匀分布系数，建议边跨取 2.0，中间跨取 1.5。

4. 锚杆拉力分布不均匀系数越接近 1.0，就越能发挥所有锚杆的作用，安全性和经济性就越好；反之，锚杆拉力就越不均匀，有可能被逐个拉坏，影响整体结构的安全，并且经济性也相对较差。

5. 锚杆按承载力设计值/允许位移（10mm）估算初始抗拔刚度。承载力特征值×100 的方法算出的锚杆抗拔刚度一般偏小，应根据试验结果算出抗拔刚度后，反代入盈建科软件中；如果锚杆进入中风化岩石，抗拔刚度一般为 10 万～30 万 kN/m。其他稍好一点的土，一般 5 万～7 万 kN/m。

6. 有的设计院当抗浮不满足时，比如一层地下室局部抗浮不满足要求，二层地下室抗浮不满足要求，尽量在独立基础下面设置抗拔锚杆，虽然比较浪费，但受力明确，安全性更好。独立基础下布置锚杆不能抵抗水浮力时，再在底板满布置锚杆。

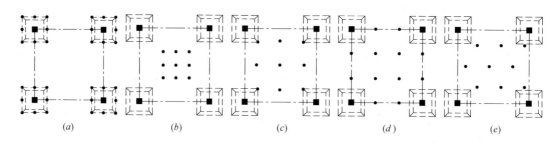

图 4.2-10 锚杆布置示意图

（a）方案 1（柱下集中布置）；（b）方案 2（跨中集中布置）；（c）方案 3（轴对称均匀布置）；
（d）方案 4（压轴均匀布置）；（e）方案 5（梅花形均匀布置）

图 4.2-11 按桩定义修改刚度

（10）点击：计算选项/计算分析/桩反力/竖向力，可以查看抗拔锚杆的竖向拉力（图 4.2-12）；点击：基础配筋/基本模型，可以查看防水板的配筋计算结果，如图 4.2-13 所示。

（11）基础施工图

点击：基础施工图/重新读取/新绘底图/筏板防水板、独基，即可查看独立基础考虑水浮力作用下的配筋，如图 4.2-14 所示。

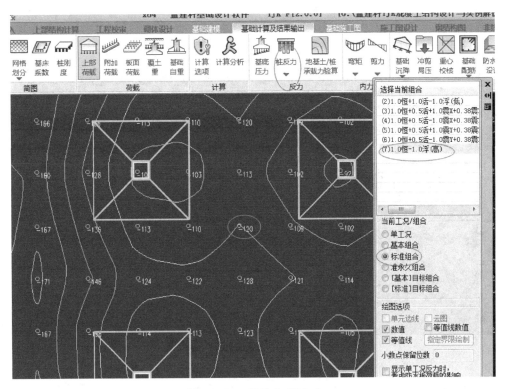

图 4.2-12 桩反力/竖向力

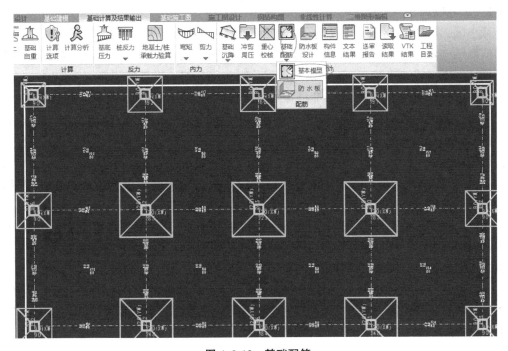

图 4.2-13 基础配筋

注：如果查看得到的锚杆拉力值比锚杆抗拔承载力特征值小很多，可以加大锚杆间距，重新计算。

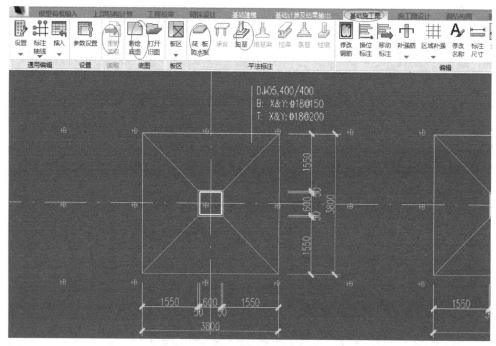

图 4.2-14 独立基础施工图

4.3 抗浮实例解析 3（二层地下室：预应力管桩抗浮）

4.3.1 工程概况

某小区，塔楼有 12 栋，二层地下室（负一层层高 3.6m，负二层层高 4.0m），结构形式为框架结构，地下室顶板采用大板加腋，负一层顶板采用单向次梁，抗震设防烈度 6度，设计基本地震加速度 0.05g，设计地震分组为第一组，设计使用年限为 50 年。建设场地Ⅱ类，特征周期值为 0.35s，非塔楼周边 3 跨的框架抗震等级为四级，塔楼周围（塔楼＋三跨）的抗震等级随主楼，基本风压值为 0.35kN/m²，基本雪压值为 0.45kN/m²。本项目总面积 55828m²，其中人防面积 895m²；覆土 1.5m，顶板标高为 −1.8m，负一层顶板结构面标高 −5.400m，负二层底板结构面标高 −9.400m，室外标高 −0.300m，柱网8.1m×8.1m；本地区雨水较多，地下室抗浮设防水位不用地质勘察报告给出的设计水位，而是以室外地坪为设防水位。

底板、独立基础、外墙、顶板、梁及柱子等混凝土强度等级均为 C35，在实际底板设计中，底板高度不一样，抗浮水位也不一样，基础持力层也不一样，查看地勘报告中的文字报告可知，地下室采建议用预应力管桩，抗压兼抗拔。由于篇幅限制，本章节以 4×4跨的 8.1m×8.1m 柱网试算，给出地下室底板抗浮设计的软件操作及手算过程，得出预应力管桩的抗压及抗拔承载力特征值及根数，最后用试算得出的数据去设计大的地下室。

4.3.2 荷载

室外部分：按照建筑提资 1.5m 覆土：31kN/m²（恒载：1.5×20＋1）；室外：5kN/m²（活载）；消防车道和扑救面：35kN/m²（活载）；

覆土 1.5m（《荷规》：表 B.0.2，折减系数 1.0）、板跨 8.1m×8.1m（《荷规》：表 5.1.1，折减系数 0.571），计算板：$35×0.571=20kN/m^2$（活载）；计算梁、柱：$35×0.571×0.8=16kN/m^2$（活载）；计算基础时：$5kN/m^2$（活载）。

负一层顶板：恒载 2.0，活载参考《荷规》5.1.1 取 $4.0kN/m^2$（计算板），参考《荷规》5.1.2 取 $3.2kN/m^2$（计算梁），参考《荷规》5.1.2 取 $2.0kN/m^2$（计算墙柱及基础）。

点击：基础建模/荷载/荷载组合、上部荷载显示，点击基础计算及结构输出/（计算参数、生成数据）/上部荷载，选择标准组合：N_{max}：1.0 恒+1.0 活，可知柱底最大轴力为 4075kN，如图 4.3-1 所示。

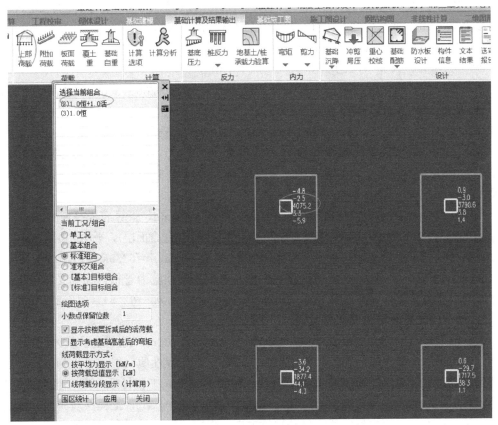

图 4.3-1　标准组合：N_{max}

4.3.3　截面尺寸

室外地下室顶板：250mm（防水考虑），4×4 跨的 8.1m×8.1m 柱网建模试算，地下室顶板非消防车及扑救场地范围主梁 450mm×700mm，加腋梁 1200mm×300mm，加腋板为 1200mm×200mm；地下室顶板消防车及扑救场地范围主梁 450mm×700mm，加腋梁 1200mm×300mm，加腋板为 1200mm×250mm，由于消防车及扑救场地范围形状复杂，为了方便建模，主梁 450mm×700mm，加腋梁 1200mm×300mm，加腋板为 1200mm×250mm。

负一层顶板，次梁取 250mm×600mm、与次梁平行的主梁取 300mm×600mm，与次梁垂直的主梁取 300mm×700mm。

4.3.4 抗浮设计

1. 规范规定

根据《建筑地基基础设计规范》GB 50007—2011 第 5.4.3 条可知，应使水浮力 $N_{w.k}$ 与结构自重 G_k 的关系应满足 $G_k/N_{w.k} \geqslant 1.05$，如果整体抗浮不通过，一般采用设置抗浮锚杆或者柱下设置抗拔桩，如果差值比较小，可以采用配中抗浮的方式，比如在底板上部设置低等级混凝土或钢渣混凝土压重，或设置较厚的钢筋混凝土底板。

2. 整体抗浮计算

一般地下室大于等于2层时，才采用锚杆或者抗拔桩抗浮。本项目二层地下室，根据经验，假设底板厚度400mm，抗浮水头 9.5（9.4－0.3＋0.4 底板厚）m，水浮力：95kN/m²。顶板覆土厚1.5m，取重度20kN/m³，即覆土面荷载为30kN/m²。

柱网尺寸 8100×8100，柱子截面 600×600，柱子总高度 7600（3600＋4000）mm，折算板厚 h_1＝600×600×7600/8100/8100＝41.7mm。

地下室顶板采用大板加腋，主梁截面 450×700，腋梁 1200×300，加腋板为 1200×250，板厚 250mm，折算板厚 h_2＝（450×700×8100×2＋0.5×1200×300×450×4）/8100/8100＋（0.5×1200×250×8100×2）/8100/8100＋250mm＝365.5mm。

地下室负一层顶板单向次梁布置，主梁截面 300×700，300×600；次梁 250×600，板厚 120mm，折算板厚 h_2＝（300×700×8100＋300×600×8100）/8100/8100＋250×600×8100×2/8100/8100＋120＝205mm。

底板厚 400mm 两桩承台初估：3000×3000，高度 1000mm，折算底板厚＝400＋3000×3000×1000/8100/8100＝537mm；底板上有200mm建筑回填（包含面层），平均重度取18kN/m³；

自重合计：30＋25×（0.042＋0.37＋0.205＋0.537）＋3.6＝62.5kN/m²

62.5/95＝0.658＜1.05，整体抗浮不要求，由于采用预应力管桩，让其受压兼抗拔，需要设置抗拔桩；所有抗拔桩承受的水浮力为（95×1.05－62.5）×64＝2384kN。

4.3.5 预应力管桩承载力特征值计算

查看地勘报告中的文字报告可知，±0.00 标高为 17.200m，地基土承载力如表 4.3-1 所示。拟建场地上部土层①粗砂，稍密状，属中软土，工程性质一般，可作为多层建筑浅基础持力层；中部地层②粉质黏土和③粉砂，均属中软土，工程性质一般，且埋深一般，厚薄较薄，下部地层④粉质黏土，可塑，局部硬塑状，属中软土，工程性质一般，但其埋深大，厚度较大，可作为高层建筑桩基础持力层；下部地层⑤粉质黏土，硬塑状，局部呈坚硬状，工程性质较好，且埋深及厚度较大，可作为高层建筑桩基础持力层或下卧层，所以地下室采用预应力管桩，抗压兼抗拔，桩基设计参数建议值如表 4.3-2 所示。

地基土承载力及工程设计参数建议值表　　　　　　　　表 4.3-1

地层编号	岩土名称	承载力特征值 f_{ak} (kPa)	天然重度 γ (kN/m³)	压缩模量 E_{sl-2} (MPa)	天然坡角		直接快剪		固结快剪		锚杆的极限粘结强度标准值（两次注浆）q_{sik}(kPa)	
					风干状态 (°)	水下状态 (°)	黏聚力标准值 c_K (kPa)	内摩擦角标准值 φ_K (°)	黏聚力标准值 c_K (kPa)	内摩擦角标准值 φ_K (°)	一次常压	二次压力
①	粗砂	180	＊20.0	＊12.0	35.15	35.15	＊5.0	＊25.0			85	105
②	粉质黏土	170	19.2	7.13			50.5	8.4	48.4	9.4	50	65

续表

地层编号	岩土名称	承载力特征值 f_{ak} (kPa)	天然重度 γ (kN/m³)	压缩模量 E_{s1-2} (MPa)	天然坡角 风干状态 (°)	天然坡角 水下状态 (°)	直接快剪 黏聚力标准值 C_K (kPa)	直接快剪 内摩擦角标准值 φ_K (°)	固结快剪 黏聚力标准值 C_K (kPa)	固结快剪 内摩擦角标准值 φ_K (°)	锚杆的极限粘结强度标准值（两次注浆）q_{sik} (kPa) 一次常压	锚杆的极限粘结强度标准值（两次注浆）q_{sik} (kPa) 二次压力
③	粉砂	190	＊19.5	＊10.0			＊10.0	＊22.0			50	80
④	粉质黏土	180	19.9	12.16			37.9	7.4			55	75
⑤	粉质黏土	250	19.8	15.08			72.8	9.8			70	90

注：带＊数值为经验值。

桩基设计参数建议值表　　　　　　　　表 4.3-2

层号	土层名称	钻孔灌注桩 极限侧阻力标准值 q_{sik} (kPa)	钻孔灌注桩 极限端阻力标准值 q_{pk}(kPa) 桩长 15～30m	钻孔灌注桩 极限端阻力标准值 q_{pk}(kPa) 桩长 >30m	混凝土预制桩 极限侧阻力标准值 q_{sik} (kPa)	混凝土预制桩 极限端阻力标准值 q_{pk}(kPa) 桩长 16～30m	混凝土预制桩 极限端阻力标准值 q_{pk}(kPa) 桩长 >30m
①	粗砂	70			72		
②	粉质黏土	70			70		
③	粉砂	64			66		
④	粉质黏土	75	1100	1300	88	3000	4000
⑤	粉质黏土	85		1700	90		6000

查看地勘报告中"剖面图"，并调成 1∶100 的比例直接测量，在"剖面图"中用直线标示出以下位置：±0.000、地下室底板底，承台底，如图 4.3-2 所示。地下室柱底

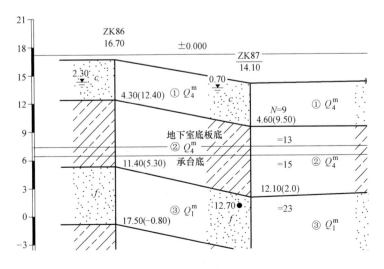

图 4.3-2　地勘报告剖面图

最大轴力为4075kN，预应力抗拔承载力特征值应≥2384kN；先确定好进入持力层④的深度为10m，用EXCEL表格及《桩规》5.4.5、5.4.6条试算出直径为500mm的预应力管桩承载力特征值及抗拔承载力特征，分别为1544kN与870kN；用EXCEL表格及《桩规》5.4.5、5.4.6条试算出直径为400mm的预应力管桩承载力特征值及抗拔承载力特征，分别为1188kN与700kN；所以初步暂定3000mm×3000mm×1000mm的四桩承台（桩承载力特征值富余10%～20%）。计算书如图4.3-3、图4.3-8所示，抗拔承载力验算时，在有可靠的焊接接头前提下，预应力管桩一般不超过2段，最好只算1段。

预应力管桩计算书

（根据《先张法预应力高强混凝土管桩基础技术规程》DB51/5070-2010）　　2018年1月9日

一、构件信息

1. 工程名称
2. 子项名称
3. 构件编号　800-(zk25)

二、土层力学特性指标

土层名称	f_{rk}	预应力管桩		土的类型
		q_{sik}	q_{pk}	
1. 粉质黏土1		70		黏、粉土
2. 粉砂		66		砂、石土
3. 粉质黏土2		88	3000	黏、粉土
4. 黏土(可塑)2-3		0		黏、粉土
5. 粉质黏土3		0		黏、粉土
6. 含卵石黏土4		0		砂、石土
7. 稍密卵石5-1		0		砂、石土
8. 中密卵石5-2		0		砂、石土
9. 全风化泥岩6-1		0		基岩
10. 强风化泥岩6-2		0		基岩
11. 中风化泥岩6-3		0		基岩

注：本表数据依据为本工程岩土勘察报告。

三、桩几何信息

1. 桩径 d　　　　　　　　500 mm
2. 管桩型号　　　　　　AB型
3. 管桩壁厚 t　　　　　　125 mm　　，按《规程》表4.1.1取用
4. 承台底标高 H_{cap}　　　-10.000 m
5. 桩嵌入承台长度 δ　　　50 mm
6. 竖向承载力安全系数 K　　　2　　，按《规程》第6.2.3条，竖向承载力安全系数 K 值取2
7. 桩基情况　　　　大面积群桩
8. 布桩最小中心距 @　　　4.0 d　　，按《规程》表6.1.3，按最不利桩基情况确定
9. 桩端持力层土层情况　　黏性土
10. 桩进入持力层深度最小值 a_{min}　　1.000 m　　，按《规程》第6.1.4条，根据桩端持力层土层情况确定
11. **桩进入持力层深度选用值 a**　　10.000 m　　，当持力层为强风化泥岩时，取值最多按4d计算
12. 桩身周长 u　　　　1.571 m　　$u = \pi d$
13. 桩端面积 A_p　　　0.196 m²　　$A_p = \pi d^2/4$
14. 桩端标高 H_{top}　　　-9.950 m　　$H_{top} = H_{cap} + \delta$
15. 桩端标高 H_{bot}　　　-30.500 m　　$H_{bot} = H_1 - a$，H_1为桩端持力层顶标高
16. **桩长度 L**　　　　**20.550 m**　　$L = H_{top} - H_{bot}$

图 4.3-3　预应力管桩计算书（一）

四、桩穿越土层情况

	土层名称	层顶标高	l_i	q_{sik}	Q_{sik}	q_{pk}	f_{rk}
1.	粉质黏土1	-9.950	4.500	70	494.80		
2.	粉砂	-14.500	6.000	66	622.04		
3.	含卵石黏土4	-20.500					
4.	稍密卵石5-1	-20.500					
5.	中密卵石5-2	-20.500					
6.	稍密卵石5-1	-20.500					
7.	全风化泥岩6-1	-20.500					
8.	强风化泥岩6-2	-20.500					
9.	粉质黏土2	-20.500	10.000	88	1382.30	3000	
10.							
11.							
12.							
13.							
14.							
15.							

五、按桩身混凝土计算桩顶轴压承载力标准值

1. 桩身混凝土强度等级 　　C80
2. 混凝土强度设计值 f_c 　　35.9 N/mm²
3. 抗震设防烈度 　　6度
4. 工作条件系数 ψ_c 　　0.70 　　，与设防烈度相关，按《规程》第6.2.8-1款确定
5. 桩身横截面净面积 A 　　0.147 m² 　　$A = \pi t (d - t)$
6. 桩顶轴压承载力设计值 N 　　3700.7 kN 　　$N = \psi_c f_c A$，为荷载效应基本组合下桩顶轴压力最大值
7. 设计值系数 k 　　1.30
8. 桩顶轴压承载力标准值 N_k 　　**2846.7 kN** 　　$N_k = N / k$

六、按桩端持力层情况计算单桩竖向承载力特征值

● 桩端持力层为**非极软岩**（$f_{rk} > 5\text{MPa}$）时：

1. 经验系数 ζ 　　0.65 　　，按《规程》第6.2.5规定，取值范围**0.60~0.70**
2. 工作条件系数 ψ_c 　　0.70 　　，按《规程》第6.2.5规定，取0.70
3. 单桩竖向承载力特征值 R_a 　　2405.5 kN 　　$R_a = \zeta \psi_c f_c A$（DB51/5070-2010公式6.2.5-2）

● 桩端持力层为**砂石土**时：

1. 极限端阻力标准值 q_{pk} 　　3000 kPa
2. 端阻力修正系数 ξ_p 　　1.20 　　，按《规程》表6.2.5，桩径500mm时，取值范围1.10~1.50。
3. 总极限侧阻力 Q_{sk} 　　2499.1 kN 　　$Q_{sk} = u \Sigma q_{sik} l_i$（DB51/5070-2010公式6.2.5-1）
4. 极限端阻力 Q_{pk} 　　706 9 kN 　　$Q_{pk} = \xi_p q_{pk} A_p$（DB51/5070-2010公式6.2.5-1）
5. 单桩极限承载力标准值 Q_{uk} 　　3206.0 kN 　　$Q_{uk} = Q_{sk} + Q_{pk}$（DB51/5070-2010公式6.2.5-1）
6. 单桩竖向承载力特征值 R_a 　　1603.0 kN 　　$R_a = Q_{uk} / K$

● 桩端持力层为**其他岩土**（包括 $f_{rk} \leqslant 5\text{MPa}$ 的极软岩）时：

1. 极限端阻力标准值 q_{pk} 　　3000 kPa
2. 总极限侧阻力 Q_{sk} 　　2499.1 kN 　　$Q_{sk} = u \Sigma q_{sik} l_i$（DB51/5070-2010公式6.2.5-3）
3. 极限端阻力 Q_{pk} 　　589.0 kN 　　$Q_{pk} = q_{pk} A_p$（DB51/5070-2010公式6.2.5-3）
4. 单桩极限承载力标准值 Q_{uk} 　　3088.2 kN 　　$Q_{uk} = Q_{sk} + Q_{pk}$（DB51/5070-2010公式6.2.5-3）
5. 单桩竖向承载力特征值 R_a 　　1544.1 kN 　　$R_a = Q_{uk} / K$

● 根据**实际情况**确定单桩竖向承载力特征值：

1. 桩端持力层土层情况 　　其他岩土(含极软岩)
2. 单桩竖向承载力特征值 R_a 　　**1544.1 kN**

七、结论

1. 先张法预应力混凝土管桩：外径 $d = 500$ mm，AB型，壁厚 $t = 125$ mm，混凝土强度等级为 C80。
2. 桩基布置情况：大面积群桩，最小中心距 $4d = 2000$mm。
3. 桩嵌入承台长度 $\delta = 0.050$ m，桩进入持力层深度 $a = 10.000$ m。
4. 桩顶标高为 -9.950 m，桩端标高为 -30.500 m，桩长度 $L = 20.550$ m。
5. 抗震设防烈度：小于8度；按桩身混凝土强度计算，桩顶轴压承载力标准值 $N_k = 2846.7$ kN。
6. 桩端土层类别：其他岩土(含极软岩)；单桩竖向承载力特征值 $R_a = 1544.1$ **kN**（材料强度不起控制作用）。

图 4.3-3 预应力管桩计算书（二）

预应力管桩计算书

（根据《先张法预应力高强混凝土管桩基础技术规程》DB51/5070-2010）

一、构件信息

1. 工程名称
2. 子项名称
3. 构件编号　　　800-(zk25)

二、土层力学特性指标

	土层名称	f_{rk}	预应力管桩		土的类型
			q_{sik}	q_{pk}	
1.	粉质黏土1		70		黏、粉土
2.	粉砂		66		砂、石土
3.	粉质黏土2		88	3000	黏、粉土
4.	黏土(可塑)2-3		0		黏、粉土
5.	粉质黏土3		0		黏、粉土
6.	含卵石黏土4		0		砂、石土
7.	稍密卵石5-1		0	0	砂、石土
8.	中密卵石5-2		0	0	砂、石土
9.	全风化泥岩6-1		0	0	基岩
10.	强风化泥岩6-2		0	0	基岩
11.	中风化泥岩6-3		0	0	基岩

注：本表数据依据为本工程岩土勘察报告。

三、桩几何信息

1. 桩径 d　　　400 mm
2. 管桩型号　　AB型
3. 管桩壁厚 t　　95 mm　　，按《规程》表4.1.1取用
4. 承台底标高 H_{cap}　　-10.000 m
5. 桩嵌入承台长度 δ　　50 mm
6. 竖向承载力安全系数 K　　2　　，按《规程》第6.2.3条，竖向承载力安全系数 K 值取2
7. 桩基情况　　大面积群桩
8. 布桩最小中心距 @　　4.0 d　　，按《规程》表6.1.3，按最不利桩基情况确定
9. 桩端持力层土层情况　　黏性土
10. 桩进入持力层深度最小值 a_{min}　　0.800 m　　，按《规程》第6.1.4条，根据桩端持力层土层情况确定
11. **桩进入持力层深度选用值 a**　　**10.000 m**　　，当持力层为强风化泥岩时，取值最多按4d计算
12. 桩身周长 u　　1.257 m　　$u = \pi d$
13. 桩端面积 A_p　　0.126 m^2　　$A_p = \pi d^2/4$
14. 桩端标高 H_{top}　　-9.950 m　　$H_{top} = H_{cap} + \delta$
15. 桩端标高 H_{bot}　　-30.500 m　　$H_{bot} = H_1 - a$，H_1为桩端持力层顶标高
16. **桩长度 L**　　**20.550 m**　　$L = H_{top} - H_{bot}$

四、桩穿越土层情况

	土层名称	层顶标高	l_i	q_{sik}	Q_{sik}	q_{pk}	f_{rk}
1.	粉质黏土1	-9.950	4.500	70	395.84		
2.	粉砂	-14.500	6.000	66	497.63		
3.	含卵石黏土4	-20.500					
4.	稍密卵石5-1	-20.500					
5.	中密卵石5-2	-20.500					
6.	稍密卵石5-1	-20.500					
7.	全风化泥岩6-1	-20.500					
8.	强风化泥岩6-2	-20.500					
9.	粉质黏土2	-20.500	10.000	88	1105.84	3000	
10.							
11.							
12.							
13.							
14.							
15.							

图 4.3-4　预应力管桩计算书（一）

五、按桩身混凝土计算桩顶轴压承载力标准值

1. 桩身混凝土强度等级　　　　　C80
2. 混凝土强度设计值 f_c　　　　35.9 N/mm²
3. 抗震设防烈度　　　　　　　　6度
4. 工作条件系数 ψ_c　　　　　0.70　　　，与设防烈度相关，按《规程》第6.2.8-1款确定
5. 桩身横截面净面积 A　　　　0.091 m²　　$A = \pi t (d - t)$
6. 桩顶轴压承载力设计值 N　　2287.5 kN　　$N = \psi_c f_c A$，为荷载效应基本组合下桩顶轴压力最大值
7. 设计值系数 k　　　　　　　1.30
8. 桩顶轴压承载力标准值 N_k　**1759.6 kN**　　$N_k = N / k$

六、按桩端持力层情况计算单桩竖向承载力特征值

● 桩端持力层为非极软岩（$f_{rk} > 5\text{MPa}$）时：
1. 经验系数 ζ　　　　　　　0.65　　　，按《规程》第6.2.5规定，取值范围**0.60~0.70**
2. 工作条件系数 ψ_c　　　　0.70　　　，按《规程》第6.2.5规定，取0.70
3. 单桩竖向承载力特征值 R_a　1486.9 kN　　$R_a = \zeta \psi_c f_c A$（DB51/5070-2010公式6.2.5-2）

● 桩端持力层为砂石土时：
1. 极限端阻力标准值 q_{pk}　　3000 kPa
2. 端阻力修正系数 ξ_p　　　1.20　　　，按《规程》表6.2.5，桩径400mm时，取值范围1.10~1.60。
3. 总极限侧阻力 Q_{sk}　　　1999.3 kN　　$Q_{sk} = u\Sigma q_{sik} l_i$（DB51/5070-2010公式6.2.5-1）
4. 极限端阻力 Q_{pk}　　　　452.4 kN　　$Q_{pk} = \xi_p q_{pk} A_p$（DB51/5070-2010公式6.2.5-1）
5. 单桩极限承载力标准值 Q_{uk}　2451.7 kN　　$Q_{uk} = Q_{sk} + Q_{pk}$（DB51/5070-2010公式6.2.5-1）
6. 单桩竖向承载力特征值 R_a　1225.8 kN　　$R_a = Q_{uk} / K$

● 桩端持力层为其他岩土（包括 $f_{rk} \leqslant 5\text{MPa}$ 的极软岩）时：
1. 极限端阻力标准值 q_{pk}　　3000 kPa
2. 总极限侧阻力 Q_{sk}　　　1999.3 kN　　$Q_{sk} = u\Sigma q_{sik} l_i$（DB51/5070-2010公式6.2.5-3）
3. 极限端阻力 Q_{pk}　　　　377.0 kN　　$Q_{pk} = q_{pk} A_p$（DB51/5070-2010公式6.2.5-3）
4. 单桩极限承载力标准值 Q_{uk}　2376.3 kN　　$Q_{uk} = Q_{sk} + Q_{pk}$（DB51/5070-2010公式6.2.5-3）
5. 单桩竖向承载力特征值 R_a　1188.2 kN　　$R_a = Q_{uk} / K$

● 根据实际情况确定单桩竖向承载力特征值：
1. 桩端持力层土层情况　　　　其他岩土(含极软岩)
2. 单桩竖向承载力特征值 R_a　**1188.2 kN**

七、结论

1. 先张法预应力混凝土管桩：外径 $d = 400$ mm，AB 型，壁厚 $t = 95$ mm，混凝土强度等级为 C80。
2. 桩基布置情况：大面积群桩，最小中心距 $4d = 1600$mm。
3. 桩嵌入承台长度 $\delta = 0.050$ m，桩端进入持力层深度 $a = 10.000$ m。
4. 桩顶标高为 -9.950 m，桩端标高为 -30.500 m，桩长度 $L = 20.550$ m。
5. 抗震设防烈度：小于8度；按桩身混凝土度计算，桩顶轴压承载力标准值 $N_k = 1759.6$ kN。
6. 桩端土层类别：其他岩土(含极软岩)；单桩竖向承载力特征值 $R_a = 1188.2$ kN（材料强度不起控制作用）。

图 4.3-4　预应力管桩计算书（二）

外径 d(mm)	型号	壁厚(mm)	单节桩长 10(m)
300	A	70	11
	AB	70	11
	B	70	11
	C	70	11
400	A	95	12
	AB	95	12
	B	95	13
	C	95	13
500	A	100	14
	AB	100	14
	B	100	15
	C	100	15
500	A	125	14
	AB	125	15
	B	125	15
	C	125	15

土层情况	最小深度
黏性土	$2.0d$，且不小于500mm
粉土	$2.0d$，且不小于500mm
全风化泥岩	$2.0d$，且不小于500mm
砂石土	$1.5d$，且不小于500mm
极软岩	500mm
非极软岩	500mm

图 4.3-5　先张法预应力高强混凝土管桩工程常用规格

图 4.3-6　管桩进入持力层的最小深度

设防烈度	ψ_c
6度	0.70
7度	0.70
8度	0.60
9度	0.60

图 4.3-7　工作条件系数

土的类别	桩径(mm)	ζ_p
圆砾、碎石、卵石	300	1.20~1.80
	400	1.10~1.60
	500	1.10~1.50

图 4.3-8　管桩的端阻力修正系数

4.3.6　软件操作

（1）在盈建科中建模，4×4 跨的 8.1m×8.1m 柱网，如图 4.3-9、图 4.3-10 所示，然后输入荷载，楼层组装，计算等。其他参考"4.1.4 防水板抗浮设计"。

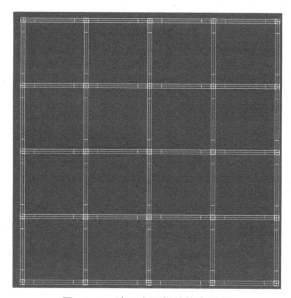

图 4.3-9　地下室顶板结构布置图

注：1. 主梁450mm×700mm，加腋梁1200mm×300mm；加腋有一个合理的尺寸，在这个合理的尺寸范围内，就会产生较好的空间拱效应，具有好的受力性能；对于加腋梁，支托坡度取1：4，高度小于等于0.4倍的梁高时，空间拱效应比较大。

2. 加腋板：1200mm×180~250mm；加腋板的腋长为板净跨的1/5~1/6；加腋区板总高为跨中板厚的1.5~2倍。

3. 当考虑弹性板6，板计算方式为有限元计算，计算参数中勾选：梁与弹性板变形协调，会发现面筋比平面导荷小很多。一般以平面导荷为基础，甲方要求优化，可以适当减小面筋。

（2）点击：基础设计/基础建模/荷载/荷载组合，填写相关参数。

（3）点击：参数设置，填写相关参数。

（4）点击：独基/自动布置/单柱自动布置、独基归并。

（5）点击：筏板/布置/筏板防水板，用围区的形式生成防水板。

（6）点击："导入 dwg"/打开，选择在 CAD 中用不同图层画好的桩承台布置图（图 4.3-11），然后填写相关数据，分别点击"桩""承台"，在导入的 dwg 中分别选择"桩""承台"，最后点击"插入点"，在导入的 dwg 中选择插入点，点击："确定"，如图 4.3-12~

图 4.3-14。

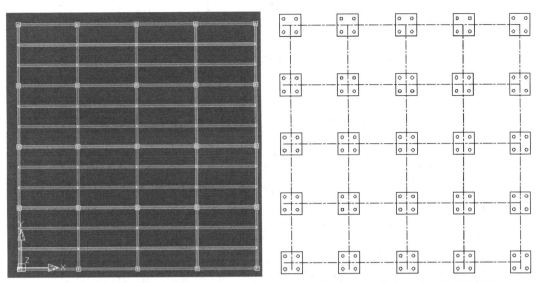

图 4.3-10 地下室负一层顶板结构布置图   图 4.3-11 在 CAD 中画桩承台布置

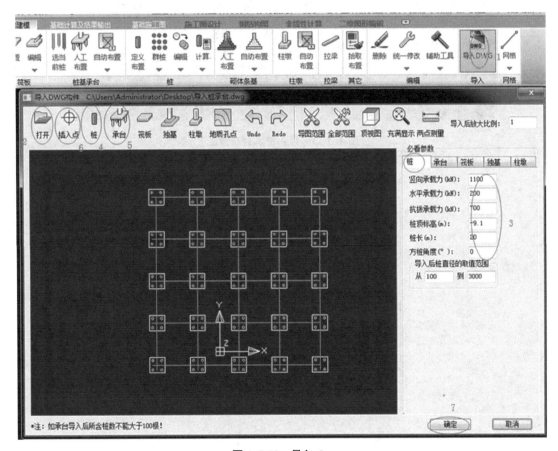

图 4.3-12 导入 dwg

注：桩顶标高的确定，首先应查看楼层组装的底标高，比如为 −8.1m，承台厚度为 1m 时，则可填写 −9.1m。

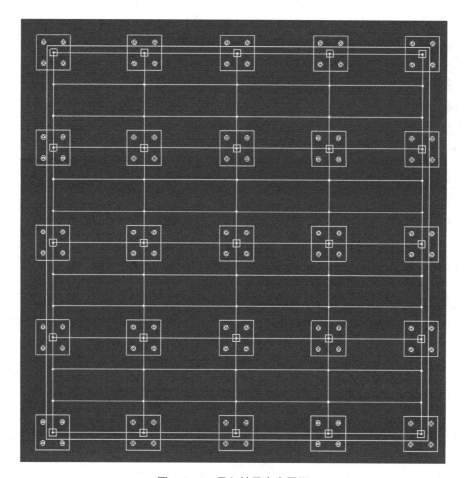

图 4.3-13 导入桩承台布置图

注：点击屏幕右下方的"顶视图"，检查模型的正确性。

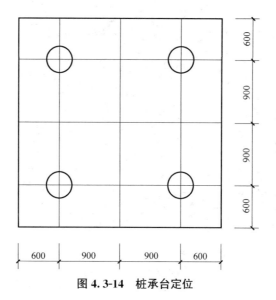

图 4.3-14 桩承台定位

（7）点击：桩/定义桩/修改，根据实际情况修改，如图4.3-15所示。

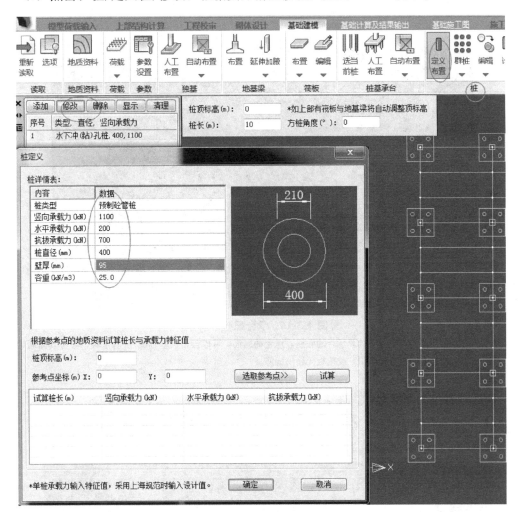

图 4.3-15　修改桩

承载力特征值×100×2的方法算出的抗拔桩抗拔刚度一般偏小，应根据实验结果算出抗拔刚度后反代入盈建科软件中；稍好一点的土，一般为5万～7万 kN/m。

（8）点击：基础计算及结果输出/计算参数，根据"4.1.4 防水板抗浮设计"填写相关参数，程序默认为承台的基床系数为0，点击：桩刚度，将预应力管桩的抗压刚度改为100000，抗拔刚度改为，700×2×100＝140000（抗拔承载力标准值×2×100），弯曲刚度为0，然后用框选的形式修改预应力管桩的刚度；点击添加/按"桩定义修改刚度"分别修改抗压刚度、抗拉刚度和抗弯刚度。

（9）点击：计算选项/计算分析/桩反力/竖向力，选择：标准组合 1.0 恒＋1.0 浮（高），可以查看预应力管桩的竖向拉力。

（10）点击：基础配筋/基本模型，可以查看承台的配筋计算结果，如图4.3-16所示。

（11）点击：基础配筋/防水板，可以查看防水板的配筋计算结果，如图4.3-17、图4.3-18所示。

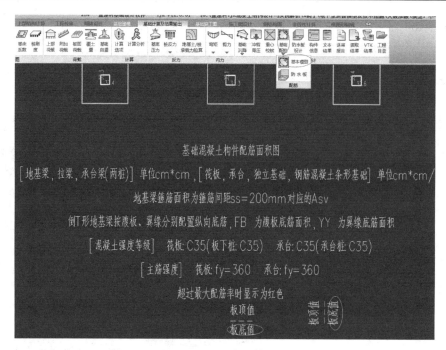

图 4.3-16 承台配筋结果

注：程序是按规范的简化方法计算承台的底筋，承台的面筋，可以点击：基础配筋/防水板，参考其面筋计算
结果：配筋绘图内容（面积）或按板元输出配筋量。

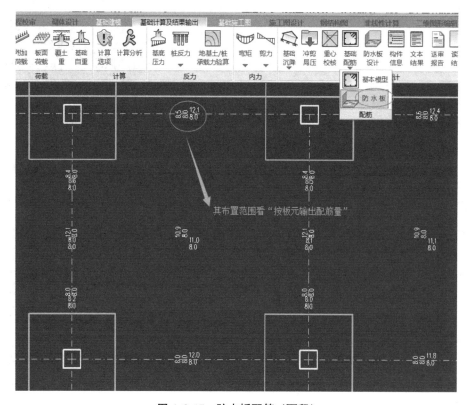

图 4.3-17 防水板配筋（面积）

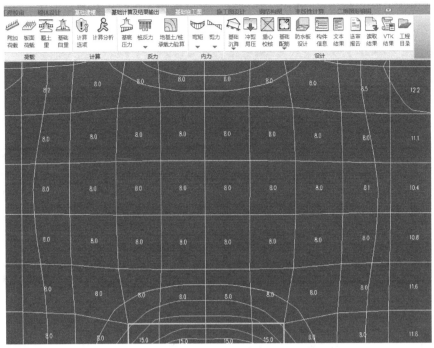

图 4.3-18 防水板配筋（按板元输出配筋量）

注：1. 如果底筋配筋量大，改变"桩筏筏板弹性地基梁计算参数：磨平处理或取平均值"或加大承台的边长；如果底筋配筋量小，则可以减小承台边的边长，一般承台边约为1/3柱距或者改变"桩筏筏板弹性地基梁计算参数"：不磨平处理等。

2. 点击"冲剪局压"，根据工程需要，选择要查看的冲切内容；如果冲切富余比较大，承台底筋又是构造，则可以适当地减小承台的厚度，如图 4.3-19 所示。

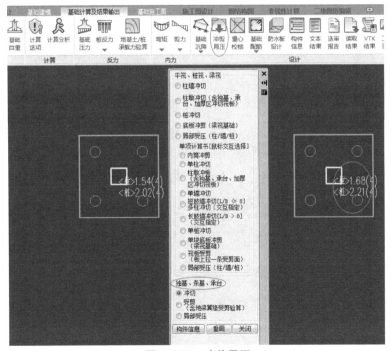

图 4.3-19 冲剪局压

（12）点击：防水板设计/冲切验算结果，可以查看在水浮力荷载工况下，承台对防水板的冲切结果（图 4.3-20）。

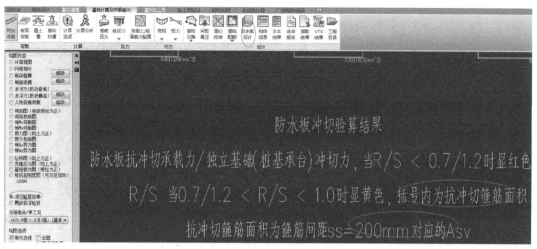

图 4.3-20   冲切验算

5 基础设计实例解析

5.1 独立基础实例解析（浅基础）

5.1.1 工程概况

某学校食堂，采用框架结构体系，主体地上 2 层，地下 0 层（没有地下室则不用考虑抗浮），建筑高度 10.000m。该项目抗震设防类别为乙类，建筑抗震设防烈度为 6 度，设计基本加速度值为 0.05g，设计地震分组为第一组，场地类别为 Ⅱ 类，设计特征周期为 0.35s，抗震等级为三级（乙类建筑提高一级），采用独立基础（属于浅基础）。

5.1.2 查看地勘报告

打开地勘资料中"文字报告"，查看可知食堂建筑 ±0.000 的绝对标高为 115.000m（表 5.1-1），持力层的参数值如表 5.1-2～表 5.1-3 所示；查看"文字报告"中的结论与建议，如图 5.1-1 所示。

打开建筑总图，可知食堂建筑 ±0.000 的绝对标高为 115.000m，如图 5.1-2 所示。

拟建建筑物特性表   表 5.1-1

建筑物名称	建筑物安全等级	结构类型	设计 ±0.0 绝对标高	地上层数	对差异沉降敏感程度	备注
教学楼	二级	框架	114.60	4F	敏感	无地下室
食堂综合楼	二级	框架	115.00	2F	敏感	无地下室
卫生间	二级	框架	114.60	1F	敏感	无地下室
建筑连廊	二级	框架	114.60	1F	敏感	无地下室

各岩土层物理力学指标推荐值   表 5.1-2

指标 岩土名称	天然地基承载力特征值 f_{ak}(kPa)	天然密度 ρ(g/cm^3)	压缩模量 E_s(MPa)	变形模量 E_o(MPa)	内摩擦角 φ_k(°)	黏聚力 c_k(kPa)
粉质黏土	180	1.95	5.68	—	16.48	31.49
圆砾	220	2.23	—	—	—	—
灰岩	5000	灰岩饱和抗压强度标准值＝32.46MPa				

岩土承载力参数推荐表   表 5.1-3

岩土名称	状态	天然地基承载力特征值 f_{ak}(kPa)	旋挖桩基础		冲击钻孔灌注桩基础	
			极限侧阻力标准值 q_{sik}(kPa)	极限端阻力标准值 q_{pk}(kPa)	极限侧阻力标准值 q_{sik}(kPa)	极限端阻力标准值 q_{pk}(kPa)
粉质黏土	可塑	180	55	800	60	800
圆砾	稍密	220	140	2000	160	2000
灰岩	微风化	5000	220	12000	500	12000

（二）建议

1、拟建教学楼、食堂综合楼均可采用~~独立柱基础~~或钢筋混凝土条形基础，基础持力层为~~粉质黏土~~，拟建卫生间和建筑连廊可采用独立柱基础，基础持力层为粉质黏土。拟建教学楼也可考虑采用桩基础（旋挖桩或冲击钻孔灌注桩基础），基础持力层为灰岩。

图 5.1-1 地勘建议基础形式

图 5.1-2 食堂总图（局部）

打开地勘资料中的"平面布置图"，可知食堂的剖面图有 5 条，比如 1-1、2-2、3-3、4-4、5-5，一般查看探勘孔多的剖面图，比如 4-4、5-5；打开地勘资料中的"剖面图"，然后缩小 4 倍（在 CAD 中输入 sc 命令，0.25，此值根据实际地勘报告确定），调成 1：100 的比例（用 di 命令测量的距离与标示距离一样），最后画出 ±0.000 的直线及初估基础底的直线（拉梁顶－0.200m－梁高－0.55m－独立基础初估高度 0.7m－预留高度 0.2m＝－1.65m），如图 5.1-3～图 5.1-5 所示，可知，基础持力层为粉质黏土，可以采用独立基础。

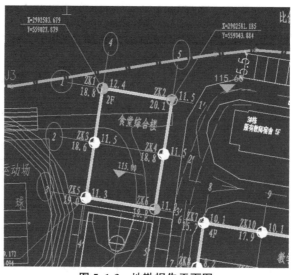

图 5.1-3 地勘报告平面图

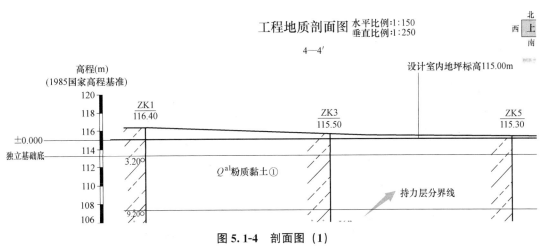

图 5.1-4 剖面图（1）

注：如果在基础底下面 1～2m 范围才挖到持力层，一般可以用素混凝土等换填处理；本工程不存在此情况。

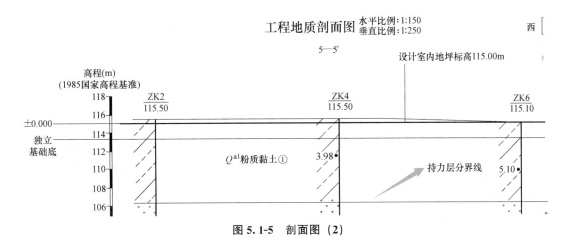

图 5.1-5 剖面图（2）

5.1.3 独立基础布置

独立基础是所有基础形式中相对简单的一种；当没有防水板时，独立基础一般采用阶梯形基础，放阶后相对节省，并且可以按不同阶梯面积的平均值的 0.15% 最小配筋面积，如图 5.1-6 所示；有防水板时，独立基础一般做一阶，如图 5.1-7 所示。锥形独基和阶梯形独基在实际工程中均有做的，锥形基础支模工作量小，施工方便，但对混凝土坍落度控制要求较严格。阶梯形独基支模工作量较大，但对混凝土坍落度控制要求较松，混凝土浇筑质量更有保证，因此阶梯形独基应用范围更大。

5.1.4 软件操作

具体过程及参数填写可参考第 4 章"4.1.4 抗浮设计"。

（1）点击：基础设计/基础建模/荷载/荷载组合（图 5.1-8）。

（2）点击：参数设置，填写相关参数。本项目地基承载力特征值为 180，地基承载力深度修正系数填写 1.4，埋深可填写 1.3（需要手算）；对于基础埋置深度，一般自室外地面标高算起；在填方整平地区可自填土地面标高算起，但填土在上部结构施工后完成时应从天然地面标高算起；对于地下室如采用箱形基础或筏板基础时，基础埋置深度自室外地

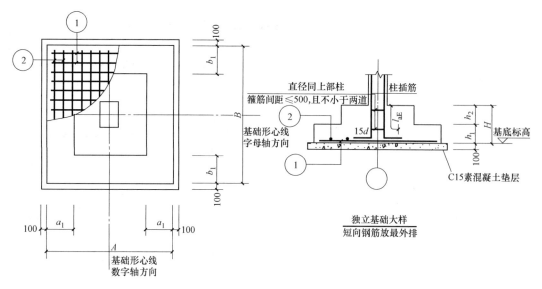

图 5.1-6 阶梯形独立基础大样

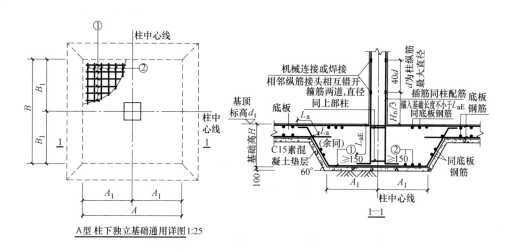

图 5.1-7 独立基础＋防水板大样

图 5.1-8 基础建模

面标高算起；当采用独立基础或条形基础时，应从室内地面标高算起。如图 5.1-9 所示。

（3）点击：独基/自动布置/单柱自动布置、独基归并。如果两个柱子比较近，可以点击：独基/自动布置/双柱基础、多柱基础，选择"按标准组合：恒＋活力作用点"，如图 5.1-10 所示；有时候，对于比较大的双柱基础、多柱基础，应复核它的面筋，可以删除

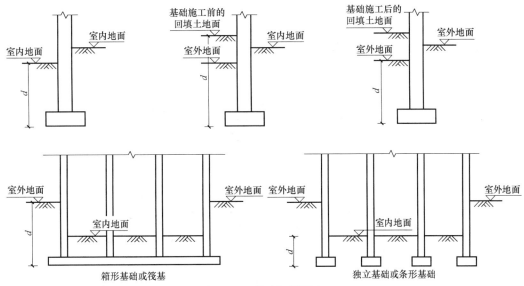

图 5.1-9 基础埋置深度

基础布置，再点击"导入 DWG"，把独立基础用筏板的形式导入进去，设定好其基床系数，用弹性地基梁板法计算出筏板的面筋。

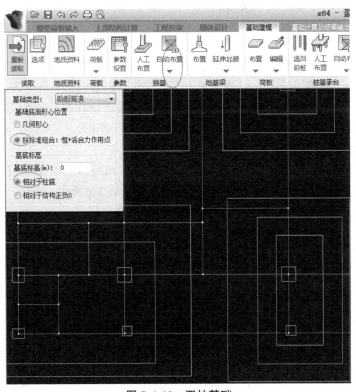

图 5.1-10 双柱基础

（4）点击：基础施工图/新绘底图，查看独立基础的配筋；如果带有地下室，独立基础的配筋要考虑防水板的不利作用，布置防水板并完成计算后，点击：基础施工图/新绘底图/板区、筏板防水板、独基，会发现考虑水浮力作用后，独立基础配筋增大很多。

5.1.5 施工图

食堂基础平面图如图 5.1-11 所示。

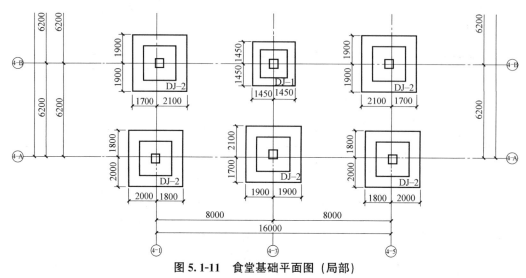

图 5.1-11 食堂基础平面图（局部）

5.2 筏板基础实例解析（浅基础）

5.2.1 工程概况

湖南省××市某学校教室周转房，采用框架结构体系，主体地上 6 层，地下 1 层，建筑高度 22.250m。该项目抗震设防类别为乙类，建筑抗震设防烈度为 6 度，设计基本加速度值为 0.05g，设计地震分组为第一组，场地类别为Ⅱ，设计特征周期为 0.35s，抗震等级为三级（乙类建筑提高一级），采用筏板基础（属于浅基础）。

5.2.2 查看地勘报告

打开地勘资料中"文字报告"，查看文字报告，可知持力层的参数值如表 5.2-1～表 5.2-2 所示；查看"文字报告"中的结论与建议，如图 5.2-1 所示。

地基岩土设计参数建议表　　　　表 5.2-1

指标 岩土名称	天然地基承载力特征值 f_{ak}(kPa)	天然重度 γ(kN/m³)	压缩模量 E_s(MPa)	内摩擦角标准值 φ(°)	黏聚力标准值 c(kPa)
黏土	150	18.6	6.64	14.8	26.6
卵石	360				

桩基参数推荐值表　　　　表 5.2-2

桩类型 岩土层名称	机械冲击成孔灌注桩	
	桩周土极限侧阻力标准值（kPa）	极限桩端阻力标准值（kPa）
黏土	55	
卵石	100	2500

9.建议

8.1 拟建建筑物基础类型选型建议：1.采用桩基础，成桩工艺宜采用人工挖孔桩、冲击钻孔灌注桩；2.采用天然基础，独立柱基础/筏板基础。

8.2 基础施工过程中，桩孔开挖后，嵌入持力层深度应满足设计要求，且不小于 0.5m。为确定桩长或桩底有无软弱夹层，建议做超前钻施工勘察。

图 5.2-1　地勘建议基础形式

打开建筑总图，可知教师周转房建筑±0.000 的绝对标高为 110.300m，如图 5.2-2 所示。

图 5.2-2　教师周转房总图（局部）

打开"××详勘点位图"，可知，教师周转房钻孔点从 ZK127～ZK140（图 5.2-3），共 13 个钻孔点；打开地勘资料中的"柱状图"，然后缩小 10 倍（在 CAD 中输入 sc 命令，0.1，此值根据实际地勘报告确定），调成 1:100 的比例（用 di 命令测量的距离与标示距离一样），最后画出±0.000 的直线及初估基础底的直线（-5.7-筏板基础初估高度 0.9m＝-6.6m），如图 5.2-4 所示，可知，基础持力层为黏土，可以采用筏板基础。

5.2.3　筏板基础布置

筏板基础分为平板式筏形基础和梁板式筏形基础，平板式筏形基础支持局部加厚筏板类型；梁板式筏形基础支持肋梁上平及下平两种形式。一般说来，地基承载力不均匀或者地基软弱时，用筏板型基础。

一般采用平筏板基础，《地基规范》8.4.12-2 条规定高层建筑筏板板厚不宜小于

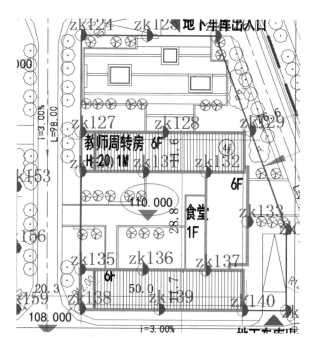

图 5.2-3 "××详勘点位图"

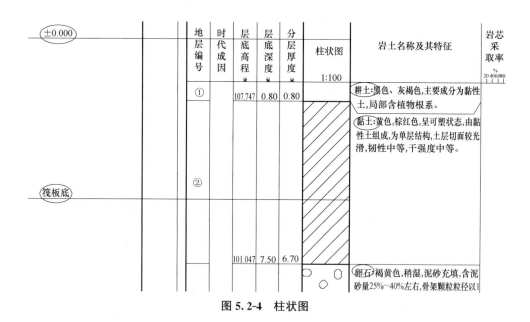

图 5.2-4 柱状图

400mm，筏板伸出地下室外墙的长度一般可取 500mm～筏板厚度；没有地下室外墙时，从柱中心线伸出的长度应满足柱墩的尺寸要求。

在调整筏板基础厚度时，一般筏板配筋为构造配筋又柱冲切筏板的冲切比小时，可以减小筏板的厚度，冲切比不满足可以设置柱墩。根据《地基规范》公式（8.4.8）可知，要想冲切比由不满足要求变成满足要求，最快的办法是加大 u_m 与 h_0 的值，相同的柱墩尺寸，上柱墩满足冲切要求而下柱墩不满足的情况；对于带地下室的筏板基础，一般情况下建议做下柱墩，这样可以节省做上柱墩时需要二次回填土的问题，而且也可以减少土方开挖量，减小抗拔桩等。对于无地下室的筏板基础，一般建议做成上柱墩，可以节省钢筋及混凝土用量；对于带地下室的筏板基础，为了减少挖深和降低抗拔费用，并最大程度地利用柱墩减小筏板配筋，一般不建议做成柔性下柱墩。

"柔性上柱墩"，筏板的抗冲切承载力同时取决于柱冲切"筏板柱墩"和柱墩冲切筏板。柱冲切"筏板柱墩"时，与不布置柱墩相比，冲切临界截面周长增加，冲切锥内的基底反力增加，冲切力减小，冲切锥的有效高度增加。柱墩冲切筏板时，与不布置柱墩相比，冲切临界截面周长增加，冲切锥内的基底反力增加，冲切力减小，冲切锥的有效高度不变。"柔性下柱墩"，筏板的抗冲切承载力同时取决于柱墩冲切筏板、柱冲切"筏板柱墩"。柱墩冲切筏板时，与不布置柱墩相比，冲切临界截面周长增大，冲切锥内的基底反力增大，冲切力减小，冲切锥的有效高度不变。柱冲切"筏板柱墩"时，与不布置柱墩相比，冲切临界截面周长增大，冲切锥内的基底反力增大，冲切力减小，冲切锥的有效高度增大。

柱墩尺寸一般按 1/3 柱距取，厚度先根据经验算一个，不断地试算后再调整。

5.2.4 软件操作

具体过程及参数填写可参考第 4 章 "4.1.4 抗浮设计"。

（1）点击：基础设计/基础建模/荷载/荷载组合（图 5.1-8）。

（2）点击：参数设置，填写相关参数。本项目地基承载力特征值为 150，地基承载力深度修正系数填写 1.4，埋深可填写 6.3（5.7 筏板顶标高＋0.9 筏板厚度－0.3 室外标高）（需要手算）。

（3）点击：筏板/布置/筏板防水板，如图 5.2-5 所示。

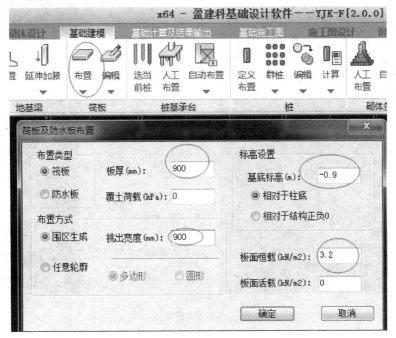

图 5.2-5 筏板及防水板布置

注：挑出宽度可以先填写筏板厚度，如果柱冲切筏板不满足要求，可以根据下柱墩的尺寸大小，先绘制出筏板的结构布置图，然后点击"导入 dwg"，导入筏板。

（4）点击：基础计算及结果输出/计算参数/生成数据/基床系数/计算选项、计算分析，参数填写可参考第 4 章"4.1.4 抗浮设计"；计算方法应勾选"弹性地基梁板法"并考虑上部结构刚度，基床系数一般可填写 20000，或者根据地勘报告填写；一般筏板基床系数越大，筏板的整体弯曲变形及局部弯曲变形越小，力会以竖向力的形式传给土，筏板的配筋会越小。

（5）点击：基础计算及结果输出/冲剪局压，可以查看柱子冲切筏板的计算结果或柱墩冲切筏板的计算结果，如图 5.2-6 所示。

（6）点击：基础配筋/基本模型，可以用"面积"或"板元"的方式查看筏板的配筋计算结果。

（7）点击：基础施工图/重新读取/筏板防水板，可以查看程序自动生成的筏板配筋图。

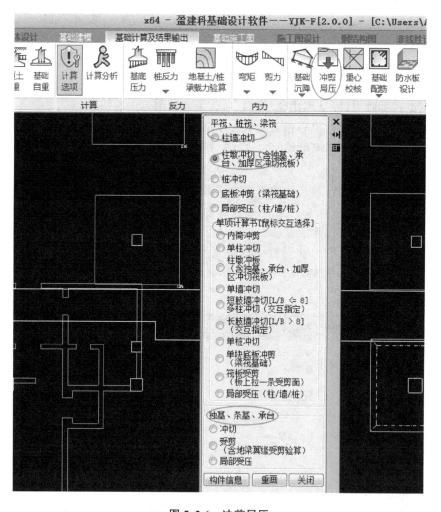

图 5.2-6　冲剪局压

5.2.5　施工图

筏板施工图及连接大样如图 5.2-7、图 5.2-8 所示。

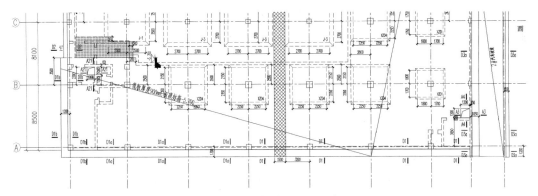

图 5.2-7　筏板施工图（局部）

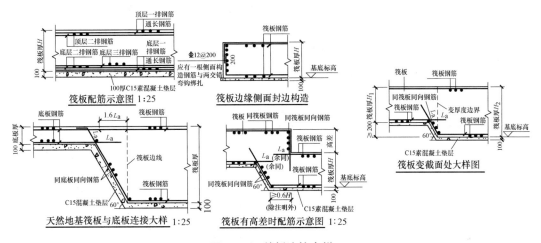

图 5.2-8　筏板连接大样

5.3　桩基础实例解析

5.3.1　桩基分类

《桩规》3.3.1：基桩可按下列规定分类：

（1）按承载性状分类：

1）摩擦型桩；

摩擦桩：在承载能力极限状态下，桩顶竖向荷载由桩侧阻力承受，桩端阻力小到可忽略不计；

端承摩擦桩：在承载能力极限状态下，桩顶竖向荷载主要由桩侧阻力承受。

2）端承型桩；

端承桩：在承载能力极限状态下，桩顶竖向荷载由桩端阻力承受，桩侧阻力小到可忽略不计；

摩擦端承桩：在承载能力极限状态下，桩顶竖向荷载主要由桩端阻力承受。

（2）按成桩方法分类：

1）非挤土桩：干作业法钻（挖）孔灌注桩、泥浆护壁法钻（挖）孔灌注桩，套管护壁法钻（挖）孔灌注桩；

2）部分挤土桩：冲孔灌注桩、钻孔挤扩灌注桩、搅拌劲芯桩、预钻孔打入（静压）预制桩、打入（静压）式敞口钢管桩、敞口预应力混凝土空心桩和 H 型钢桩；

3）挤土桩：沉管灌注桩、沉管夯（挤）扩灌注桩、打入（静压）预制桩、闭口预应力混凝土空心桩和闭口钢管桩。

（3）按桩径（设计直径 d）大小分类：

1）小直径桩：$d \leqslant 250mm$；

2）中等直径桩：$250mm < d < 800mm$；

3）大直径桩：$d \geqslant 800mm$。

《桩规》3.3.2 桩型与成桩工艺应根据建筑结构类型、荷载性质、桩的使用功能、穿越土层、桩端持力层、地下水位、施工设备、施工环境、施工经验、制桩材料供应条件等，按安全适用、经济合理的原则选择。选择时可按本规范附录 A 进行。

附录 A 桩型与成桩工艺选择

A.0.1 桩型与成桩工艺应根据建筑结构类型、荷载性质、桩的使用功能、穿越土层、桩端持力层、地下水位、施工设备、施工环境、施工经验、制桩材料供应等条件选择。可按表 5.3-1～5.3-3 进行。

桩型与成桩工艺选择　　　　　　　表 5.3-1

桩类		桩径		最大桩长（m）	穿越土层										桩端进入持力层			地下水位		对环境影响		孔底有无挤密
		桩身（mm）	扩底端（mm）		一般黏性土及其填土	淤泥和淤泥质土	粉土	砂土	碎石土	季节性冻土膨胀土	黄土非自重湿陷性黄土	黄土自重湿陷性黄土	中间有硬夹层	中间有砂夹层	中间有砾石夹层	硬黏性土	密实砂土	碎石土	软质岩石和风化岩石	以上	以下	振动和噪声	排浆	
非挤土成桩	干作业法	长螺旋钻孔灌注桩	300～800	—	28	○	×	○	△	×	○	○	△	×	△	×	○	○	△	△	○	×	无	无	无
		短螺旋钻孔灌注桩	300～800	—	20	○	×	○	△	×	○	○	△	×	△	×	○	○	△	△	○	×	无	无	无
		钻孔扩底灌注桩	300～600	800～1200	30	○	×	○	△	×	○	○	△	×	△	×	○	○	△	△	○	×	无	无	无
		机动洛阳铲成孔灌注桩	300～500	—	20	○	△	○	△	×	○	○	△	×	△	×	○	△	×	×	○	×	无	无	无
		人工挖孔扩底灌注桩	800～2000	1600～3000	30	○	△	○	△	×	△	○	△	△	△	△	○	○	△	△	○	△	无	无	无

桩型与成桩工艺选择续表　　　　　　　表 5.3-2

桩类		桩径		最大桩长（m）	穿越土层										桩端进入持力层			地下水位		对环境影响		孔底有无挤密
		桩身（mm）	扩底端（mm）		一般黏性土及其填土	淤泥和淤泥质土	粉土	砂土	碎石土	季节性冻土膨胀土	黄土非自重湿陷性黄土	黄土自重湿陷性黄土	中间有硬夹层	中间有砂夹层	中间有砾石夹层	硬黏性土	密实砂土	碎石土	软质岩石和风化岩石	以上	以下	振动和噪声	排浆	
非挤土成桩	泥浆护壁法	潜水钻成孔灌注桩	500～800	—	50	○	○	○	×	△	○	×	×	△	×	×	○	○	×	△	○	○	无	有	无
		反循环钻成孔灌注桩	600～1200	—	80	○	○	○	△	△	△	×	×	△	△	△	○	○	○	○	○	○	无	有	无
		正循环钻成孔灌注桩	600～1200	—	80	○	○	○	△	△	△	×	×	△	△	△	○	○	△	○	○	○	无	有	无

续表

桩类		桩径		最大桩长(m)	穿越土层						黄土					桩端进入持力层				地下水位		对环境影响		孔底有无挤密
		桩身(mm)	扩底端(mm)		一般黏性土及其填土	淤泥和淤泥质土	粉土	砂土	碎石土	季节性冻土膨胀性黄土	非自重湿陷性黄土	自重湿陷性黄土	中间有硬夹层	中间有砂夹层	中间有砾石夹层	硬黏性土	密实砂土	碎石土	软质岩石和风化岩石	以上	以下	振动和噪声	排浆	
非挤土成桩 泥浆护壁法 套管护壁	旋挖成孔灌注桩	600~1200	—	60	○	△	△	△	△	△	○	△	○	○	○	○	○	○	○		○	无	有	无
	钻孔扩底灌注桩	600~1200	1000~1600	30	○	△	△	△	△	△	○	△	○	○	△	○	○	○	○		○	无	有	无
	贝诺托灌注桩	800~1600	—	50	○	△	△	△	△	△	○	△	○	○	○	○	○	○	○		○	无	无	无
	短螺旋钻孔灌注桩	300~800	—	20	○	△	△	×	×	△	○	△	○	○	○	○	○	○	○		○	无	无	无
部分挤土成桩 灌注桩	冲击成孔灌注桩	600~1200	—	50	○	△	△	×	×	△	○	△	○	○	○	○	○	○	○		○	有	有	无
	长螺旋钻孔压灌桩	300~800	—	25	○	△	△	△	△	△	○	△	○	○	△	○	○	△	△		○	无	无	无
	钻孔挤扩多支盘桩	700~900	1200~1600	40	○	△	△	△	△	△	○	△	○	○	△	○	△	×	△		○	无	有	无

桩型与成桩工艺选择续表 表 5.3-3

桩类		桩径		最大桩长(m)	穿越土层						黄土					桩端进入持力层				地下水位		对环境影响		孔底有无挤密
		桩身(mm)	扩底端(mm)		一般黏性土及其填土	淤泥和淤泥质土	粉土	砂土	碎石土	季节性冻土膨胀性黄土	非自重湿陷性黄土	自重湿陷性黄土	中间有硬夹层	中间有砂夹层	中间有砾石夹层	硬黏性土	密实砂土	碎石土	软质岩石和风化岩石	以上	以下	振动和噪声	排浆	
部分挤土成桩 预制桩	预钻孔打入式预制桩	500	—	50	○	○	△	×	△	△	○	○	○	○	○	○	△	○	○		○	有	无	有
	静压混凝土(预应力混凝土)敞口管桩	800	—	60	○	○	△	×	△	△	○	○	○	○	○	○	△	○	○		○	无	无	有
	H型钢桩	规格	—	80	○	△	△	△	△	△	○	○	○	○	○	○	○	△	○		○	有	无	无
	敞口钢管桩	600~900	—	80	○	△	△	△	△	△	○	○	○	○	○	○	○	△	△		○	有	无	有
挤土成桩 灌注桩	内夯沉管灌注桩	325,377	460~700	25	○	△	△	△	△	△	×	△	○	△	△	○	△	×	△		○	有	无	有
挤土成桩 预制桩	打入式混凝土预制桩闭口钢管桩、混凝土管桩	500×500 1000	—	60	○	○	△	△	△	△	○	○	○	○	○	○	△	×	○		○	有	无	有
	静压桩	1000	—	60	○	○	△	△	△	△	○	○	○	○	○	○	○	×	○		○	无	无	有

注：表中，符号○表示比较合适；△表示有可能采用；×表示不宜采用。

5.3.2 桩间距及扩底尺寸

《桩规》3.3.3-1：基桩的布置应符合下列条件：

基桩的最小中心距应符合表 5.3-4 的规定；当施工中采取减小挤土效应的可靠措施时，可根据当地经验适当减小。

桩基的最小中心距 表 5.3-4

土类与成桩工艺		排数不少于 3 排且桩数不少于 9 根的摩擦型桩桩基	其他情况
非挤土灌注桩		$3.0d$	$3.0d$
部分挤土桩	非饱和土、饱和非黏性土	$3.5d$	$3.0d$
	饱和黏性土	$4.0d$	$3.5d$
挤土桩	非饱和土、饱和非黏性土	$4.0d$	$3.5d$
	饱和黏性土	$4.5d$	$4.0d$
钻、挖孔扩底桩		$2D$ 或 $D+2.0\text{m}$（当 $D>2\text{m}$）	$1.5D$ 或 $D+1.5\text{m}$（当 $D>2\text{m}$）
沉管夯扩、钻孔挤扩桩	非饱和土、饱和非黏性土	$2.2D$ 且 $4.0d$	$2.0D$ 且 $3.5d$
	饱和黏性土	$2.5D$ 且 $4.5d$	$2.2D$ 且 $4.0d$

注：1. d——圆桩设计直径或方桩设计边长，D——扩大端设计直径。
  2. 当纵横向桩距不相等时，其最小中心距应满足"其他情况"一栏的规定。
  3. 当为端承桩时，非挤土灌注桩的"其他情况"一栏可减小至 $2.5d$。

《大直径扩底灌注桩技术规程》3.0.3 大直径扩底桩的布置应符合下列规定：

（1）对于柱基础，宜采用一柱一桩；当柱荷载较大或持力层较弱时，亦可采用群桩基础，此时桩顶应设置承台，桩的承载力中心应与竖向永久荷载的合力作用点重合；

（2）对于承重墙下的桩基础，应根据荷载大小、桩的承载力以及承台梁尺寸等进行综合分析后布桩，并应优先选用沿墙体轴线布置单排桩的方案；

（3）对于剪力墙结构、简体结构，应沿其墙体轴线布桩；

（4）桩的中心距不宜小于 1.5 倍桩的扩大端直径；

（5）扩大端的净距不应小于 0.5m；

（6）应选择承载能力高的岩土层为持力层；同一建筑结构单元的桩宜设置在同一岩土层上。

桩间距是为了保证侧摩阻的发挥及减小挤土效应的影响，能减小桩间距，一般仅限于端承桩（侧摩阻小于 10%），并且是非挤土桩（人工挖孔桩及旋挖桩等）。当整栋房屋桩基础中仅有几个桩间距不满足规范最小值时，如果是灌注桩，也可以少考虑侧摩阻，去适当减小桩间距，比如减小 $0.5d$。

人工挖孔桩以强风化泥质粉砂岩为持力层时，扩大头单侧扩出尺寸不宜超过 500mm；以中风化泥质粉砂岩为持力层时，800mm 直径桩扩大头单侧扩出尺寸不应超过 400mm；超出该尺寸时，应征询勘察单位和施工单位的意见。

5.3.3 桩长

嵌岩桩进入持力层一般为 0.5mm，《桩规》3.3.3-6：对于嵌岩桩，嵌岩深度应综合荷载、上覆土层、基岩、桩径、桩长诸因素确定；对于嵌入倾斜的完整和较完整岩的全断面深度不宜小于 $0.4d$ 且不小于 0.5m，倾斜度大于 30% 的中风化岩，宜根据倾斜度及岩石完整性适当加大嵌岩深度；对于嵌入平整、完整的坚硬岩和较硬岩的深度不宜小于

$0.2d$，且不应小于 $0.2m$。

对于非嵌岩桩，可以根据受力需要确定桩的长度，《桩规》3.3.3-5：应选择较硬土层作为桩端持力层。桩端全断面进入持力层的深度，对于黏性土、粉土不宜小于 $2d$，砂土不宜小于 $1.5d$，碎石类土不宜小于 d。当存在软弱下卧层时，桩端以下硬持力层厚度不宜小于 $3d$。为了满足受力需要，黏性土、粉土、碎石类土进入持力层的深度可以比较深。

在实际设计中，对于人工挖孔桩及旋挖钻孔成孔灌注桩等大直径灌注桩，当持力层为微风化、中风化岩石时，桩净长不小于 $6m$（小于 $6m$ 时做墩基础），一般应大于等于 $8m$，并嵌入岩石的深度不小于 $0.5m$ 即可，也不宜大于 $2\sim3m$。桩长 $\geqslant 15m$ 时，桩径不宜小于 $900mm$；桩长 $\geqslant 20m$ 时，桩径不宜小于 $1000mm$。

在实际设计中，对于预应力管桩及端承摩擦灌注桩等，持力层非微风化、中风化岩石时，大部分桩长的顶点标高相同（顶板有高差除外），进入持力层的深度一般也相同，所以根据持力层曲线及桩顶标高确定桩长范围是很容易的。

5.3.4 桩承载力特征值计算及桩布置方法

对于大直径嵌岩桩，持力层为微风化、中风化岩石时，可以根据地勘报告的要求，按照《桩规》5.3.9 或 5.3.5 计算承载力特征值，或按照 5.3.6 计算（计算结果偏小，偏于保守设计），一般考虑嵌岩作用后的承载力特征值会提高，比按照《桩规》5.3.6 及《桩规》5.3.5 计算的承载力特征值都要大。

对于大直径灌注桩，持力层为非微风化、中风化岩石（比如软岩，强风化、砂、卵石、碎石类土等）时，可以根据地勘报告的要求，按照《桩规》5.3.6 计算承载力特征值，也可按照《桩规》5.3.5 计算，一般考虑大直径桩侧阻力尺寸效应系数及大直径桩端阻力尺寸效应系数后，其承载力特征值会稍微偏小点。

当持力层为微风化、中风化岩石时，人工挖孔桩由于施工可能会发生爆破，不属于嵌岩桩，旋挖桩属于嵌岩桩；当持力层为微风化、中风化岩石时，人工挖孔桩可按照《桩规》5.3.5 或《桩规》5.3.6 计算承载力特征值（结果偏小）；旋挖桩可按照《桩规》5.3.9 计算。对于预应力管桩等，一般根据《桩规》5.3.5 计算，并试桩，如果试桩结果大于按照《桩规》5.3.5 计算的承载力特征值，一般按照《桩规》5.3.5 计算布桩。

在实际设计中，对于预应力管桩及端承摩擦灌注桩等，持力层为非微风化、中风化岩石时，桩身长度往往由需要的承载力特征值决定；由于勘探点比较多，一般可以查看地勘报告的"勘探点剖面图"，选择某个侧摩阻小但长度偏长、侧摩阻大但长度偏短的某个勘探点作为最不利点，算出桩的承载力特征值。对于高层剪力墙住宅，一般采用大直径灌注桩，根基持力层深度的点到桩顶点的长度及以下原则："桩径不宜小于 $800mm$；桩长 $\geqslant 15m$ 时，桩径不宜小于 $900mm$；桩长 $\geqslant 20m$ 时，桩径不宜小于 $1000mm$"，先计算一个承载力特征值，然后布置剪力墙两边的剪力墙（受力比较小），一般富余 $10\%\sim20\%$ 的"标准组合：恒＋活"的承载力，如果富余比较多，由于是两桩承台，不用考虑；如果受力不够，则选择扩底后布置两桩承台；再用此大直径灌注桩及扩底后的大直径灌注桩两种承载力特征值去布置其他部分的剪力墙，如果承载力不够（或桩身承载力不满足要求），继续扩底或者选用新的桩身直径的桩去布置剪力墙，一般最多 $2\sim3$ 个桩身直径。在 CAD 中完成初步布置后，把桩承台导入盈建科中，根据桩反力，调整桩承台，对于 L 形剪力墙，一般布置两桩承台，一般在 L 形的角点附近布置大直径的桩，另一个角点用较小直径。

在实际设计中，对于预应力管桩，直径采用 400mm、500mm 或 600mm，看哪种桩型的承载力富余比较小；当用小直径桩的根数比较多时，可以选择大直径的预应力管桩。

5.3.5 预应力管桩实例解析

参考"4.3 预应力管桩抗浮实例解析（二层地下室）"。

5.3.6 人工挖孔桩实例解析

1. 工程概况

某住宅小区，采用剪力墙体系，38 幢主体地上 26 层，地下 1 层，建筑高度 79.000m。该项目抗震设防类别为丙类，建筑抗震设防烈度为 6 度，设计基本加速度值为 0.05g，设计地震分组为第一组，场地类别为 Ⅱ 类，设计特征周期为 0.35s，抗震等级为四级，采用人工挖孔桩（C35）。

2. 查看地勘报告

打开地勘资料中"文字报告"，翻阅整个文字报告，可知 ±0.000 的绝对标高为 271.200m，地下室底板顶标高 265.500m，持力层的参数值如表 5.3-5、表 5.3-6 所示；查看"文字报告"中的结论与建议，如图 5.3-1 所示。

岩土参数表 表 5.3-5

指标 地层	承载力特征值 f_{ak}（kPa）	压缩模量 E_s（MPa）	天然重度 γ（kN/m³）	固结快剪标准值		临时放坡坡度允许值（高宽比）
				内摩擦角 φ（°）	黏聚力 c（kPa）	
人工填土①	(60)	(3.0)	18.0	9.0	12.0	1：1.75
耕植土②	(60)	2.2	18.0	10.0	12.0	1：1.75
粉质黏土③	180	6.0	18.5	20.0	25.0	1：1.25
粉质黏土④	(60)	2.2	18.0	9.0	14.0	1：1.75
全风化炭质灰岩⑤	200	5.5	19.0	22.0	30.0	1：1.25
强风化炭质灰岩⑥	280	60*	21.0	40（似内摩擦角）		—
中风化灰岩⑦	2000	—	—	80（似内摩擦角）		—

桩基设计取值表 表 5.3-6

指标 地层	钻（挖、冲）孔灌注桩		地基土水平抗力系数的比例系数 m 值（MN/m⁴）	抗拔系数 λ
	桩的极限侧阻力标准值 q_{sik}（kPa）	桩的极限端阻力标准值 q_{pk}（kPa）		
人工填土①	—		10	—
耕植土②	20		10	—
粉质黏土③	60	—	35	0.7
粉质黏土④	40		12	0.5
全风化炭质灰岩⑤	60	1100	35	0.7
强风化炭质灰岩⑥	140	2200	140	0.8
中风化灰岩⑦	500	12000	500	0.9

注：1. 当采用表中桩基数值时，桩长应满足规范要求；建议进行一定数量的试桩校核；
　　2. 人工填土负摩阻力系数建议按 0.30 取值。

根据本次勘察结果，结合各拟建各建筑物的结构、荷载特点，本工程共30栋建筑物，场地内普遍分布有人工填土，其厚度不均匀，局部含灰岩块石及建筑垃圾，建议采用人工挖孔灌注桩、旋挖成孔灌注桩或冲击成孔灌注桩基础，以中风化灰岩⑦为桩端持力层，31幢西侧的1F商业楼部分以强风化炭质灰岩⑥层为桩端持力层。

图5.3-1 地勘建议基础形式

打开地勘资料中的"勘探点平面布置图"（图5.3-2），可知该剪力墙住宅的剖面图有2条：1-1、2-2；打开地勘资料中的"剖面图"，然后缩小3.33倍（在CAD中输入SC命令0.3，此值根据实际地勘报告确定），调成1：100的比例（用di命令测量的距离与标示距离一样），最后画出±0.000的直线及初估基础底的直线，如图5.3-3所示；查看相关的柱状图，如图5.3-4所示，可知，基础持力层为中风化灰岩，采用人工挖孔桩。

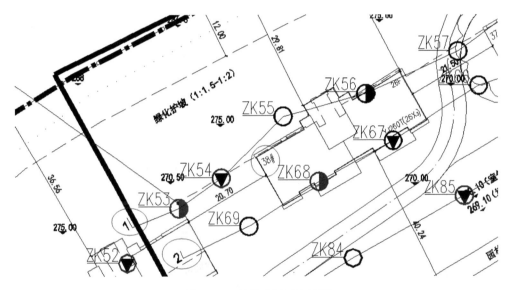

图5.3-2 地勘点平面布置图

3. 人工挖孔桩布置

（1）底层墙柱的最大轴力标准值

点击：基础计算及结果输出/上部荷载，选择标准组合1.0恒＋1.0活，如图5.3-5所示，然后用屏幕下面的移动按钮移动重叠的计算结果，把每个墙肢的总轴力标准值叠加后，放到底层墙柱平面布置图中，如图5.3-6所示。

（2）人工挖孔桩承载力特征值计算

根据剖面图及柱状图可判断，人工挖孔桩都进入黏土层2～4m才进入中风化灰岩7，由于人工挖孔桩的长度不宜小于6m，可以采用人工挖孔桩基础。在计算承载力特征值时，不宜按照《桩规》5.3.9计算承载力特征值，可按照《桩规》5.3.5或5.3.6计算（计算结果偏小，偏于保守设计）。

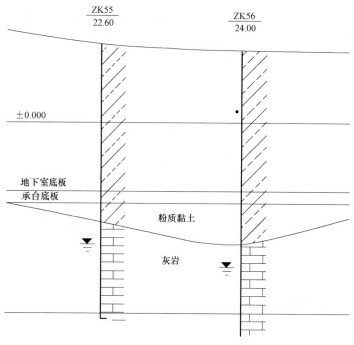

图 5.3-3 剖面图

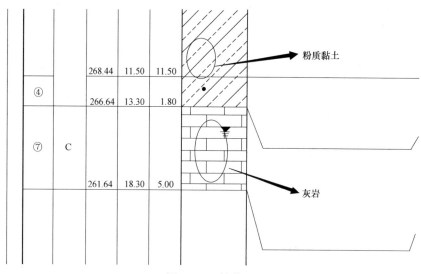

图 5.3-4 柱状图

一般用 EXCEL 表格计算人工挖孔桩承载力特征值，当桩直径为 800mm 时 ZH-08（最小桩间距 $2.5d = 2000$mm），算出桩承载力特征值为 3015kN，且满足桩身承载力要求；当桩直径为 800mm，每边扩底 100mm 时 ZH-08/10（最小桩间距 $1.5d = 1500$mm），算出桩承载力特征值为 4374kN，且满足桩身承载力要求；当桩直径为 800mm，每边扩底 200mm 时（最小桩间距 $1.5d = 1800$mm），算出桩承载力特征值为 5928kN，但是此时不满足桩身承载力要求，于是把桩身直径改为 1000mm；每边扩底 100mm 时 ZH-10/12（最

小桩间距 $1.5d=1800\text{mm}$），算出桩承载力特征值为 5928kN，此时满足桩身承载力要求；当桩直径为 1000mm，每边扩底 200mm 时 ZH-10/14（最小桩间距 $1.5d=2100\text{mm}$，且不宜小于 700＋700＋500 扩大端净距＝1900mm），算出桩承载力特征值为 7664kN，此时满足桩身承载力要求。EXCEL 算例如图 5.3-7 所示；大直径灌注桩桩身构造配筋如表 5.3-7 所示；桩承台布置大样如图 5.3-8 所示。

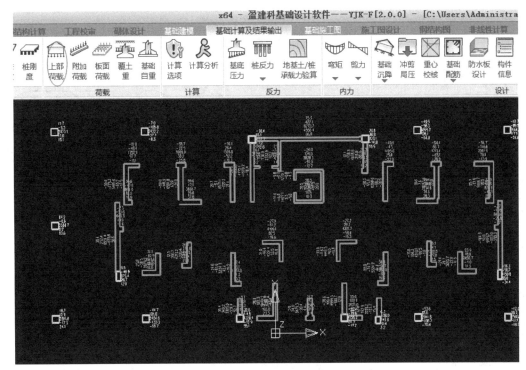

图 5.3-5　标准组合（1）：1.0 恒＋1.0 活

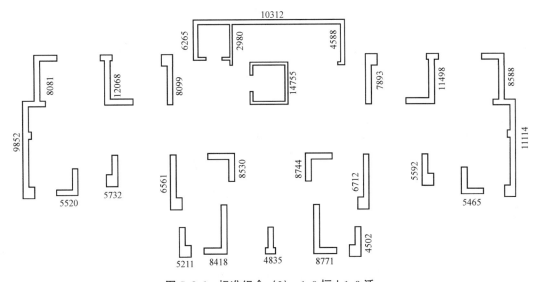

图 5.3-6　标准组合（2）：1.0 恒＋1.0 活

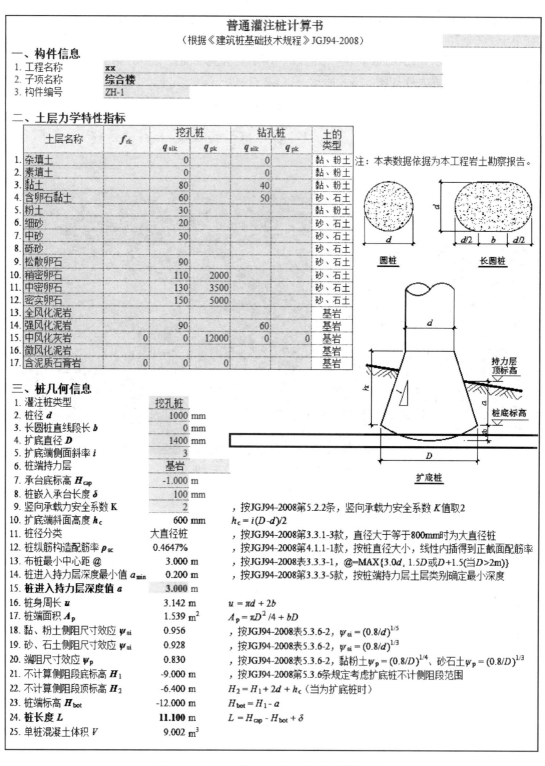

普通灌注桩计算书
（根据《建筑桩基础技术规程》JGJ94-2008）

一、构件信息
1. 工程名称　　**xx**
2. 子项名称　　**综合楼**
3. 构件编号　　ZH-1

二、土层力学特性指标

土层名称	f_{rk}	挖孔桩		钻孔桩		土的类型
		q_{sik}	q_{pk}	q_{sik}	q_{pk}	
1. 杂填土		0		0		黏、粉土
2. 素填土		0		0		黏、粉土
3. 黏土		80		40		黏、粉土
4. 含卵石黏土		60		50		砂、石土
5. 粉土		30				黏、粉土
6. 细砂		20				砂、石土
7. 中砂		30				砂、石土
8. 砾砂						砂、石土
9. 松散卵石		90				砂、石土
10. 稍密卵石		110	2000			砂、石土
11. 中密卵石		130	3500			砂、石土
12. 密实卵石		150	5000			砂、石土
13. 全风化泥岩						基岩
14. 强风化泥岩		90		60		基岩
15. 中风化灰岩	0	0	12000	0	0	基岩
16. 微风化泥岩	0					基岩
17. 含泥质石膏岩	0					基岩

注：本表数据依据为本工程岩土勘察报告。

圆桩　　　长圆桩

持力层顶标高

桩底标高

扩底桩

三、桩几何信息
1. 灌注桩类型　　　　　　　　挖孔桩
2. 桩径 d　　　　　　　　　1000 mm
3. 长圆桩直线段长 b　　　　0 mm
4. 扩底直径 D　　　　　　　1400 mm
5. 扩底端侧面斜率 i　　　　3
6. 桩端持力层　　　　　　　　基岩
7. 承台底标高 H_{cap}　　　　-1.000 m
8. 桩嵌入承台长度 δ　　　100 mm
9. 竖向承载力安全系数 K　　2　　　，按JGJ94-2008第5.2.2条，竖向承载力安全系数 K 值取2
10. 扩底端斜面高度 h_c　　　600 mm　　$h_c = i(D-d)/2$
11. 桩径分类　　　　　　　　　大直径桩　　，按JGJ94-2008第3.3.1-3款，直径大于等于800mm时为大直径桩
12. 桩纵筋构造配筋率 ρ_{sc}　0.4647%　　，按JGJ94-2008第4.1.1-1款，按桩直径大小，线性内插得到正截面配筋率
13. 布桩最小中心距 @　　　　3.000 m　　，按JGJ94-2008表3.3.3-1，@=MAX{3.0d, 1.5D或D+1.5(当D>2m)}
14. 桩进入持力层深度最小值 a_{min}　0.200 m　　，按JGJ94-2008第3.3.3-5款，按桩端持力层土层类别确定最小深度
15. **桩进入持力层深度值 a**　　**3.000 m**
16. 桩身周长 u　　　　　　　3.142 m　　$u = \pi d + 2b$
17. 桩端面积 A_p　　　　　　1.539 m²　　$A_p = \pi D^2/4 + bD$
18. 黏、粉土侧阻尺寸效应 ψ_{si}　0.956　　，按JGJ94-2008表5.3.6-2，$\psi_{si} = (0.8/d)^{1/5}$
19. 砂、石土侧阻尺寸效应 ψ_{si}　0.928　　，按JGJ94-2008表5.3.6-2，$\psi_{si} = (0.8/d)^{1/3}$
20. 端阻尺寸效应 ψ_p　　　0.830　　，按JGJ94-2008表5.3.6-2，黏粉土$\psi_p = (0.8/D)^{1/4}$、砂石土$\psi_p = (0.8/D)^{1/3}$
21. 不计算侧阻段底标高 H_1　-9.000 m　　，按JGJ94-2008第5.3.6条规定考虑扩底桩不计侧阻段范围
22. 不计算侧阻段顶标高 H_2　-6.400 m　　$H_2 = H_1 + 2d + h_c$（当为扩底桩时）
23. 桩端标高 H_{bot}　　　　-12.000 m　　$H_{bot} = H_1 - a$
24. **桩长度 L**　　　　　　**11.100 m**　　$L = H_{cap} - H_{bot} + \delta$
25. 单桩混凝土体积 V　　　9.002 m³

图 5.3-7　人工挖孔桩承载力特征值算例（1）

四、桩穿越土层情况

土层名称	层顶标高	桩穿越土层厚	不计侧阻段长	l_i	ψ_{si}	q_{sik}	Q_{sik}	q_{pk}
1. 杂填土	0.000				0.96			
2. 含卵石黏土	0.000				0.93	60		
3. 全风化泥岩	0.000				0.93			
4. 素填土	0.000	8.000	2.600	5.400	0.96			
5. 中风化灰岩	-9.000	3.000		3.000	0.93			12000
6.								
7.								
8.								
9.								
10.								
11.								
12.								
13.								
14.								
15.								

五、按穿越土层情况计算单桩承载力特征值

1. 桩极限侧阻力 Q_{sk} 0.0 kN $Q_{sk} = u\Sigma\psi_{si}q_{sik}l_i$
2. 桩极限端阻力 Q_{pk} 15329.0 kN $Q_{pk} = \psi_p q_{pk} A_p$
3. 单桩极限承载力标准值 Q_{uk} 15329.0 kN $Q_{uk} = Q_{sk} + Q_{pk}$ （JGJ94-2008公式5.3.6）
4. **单桩承载力特征值 R_a**   **7664.5 kN** $R_a = Q_{uk} / K$

六、按桩身混凝土计算桩顶轴压承载力设计值

1. 桩身混凝土强度等级   C35
2. 混凝土强度设计值 f_c 16.7 N/mm²
3. 成桩工艺   干作业非挤土
4. 成桩工艺系数 ψ_c 0.90   , 按JGJ94-2008第5.8.3条确定
5. 桩身截面面积 A_{ps} 0.785 m² $A_{ps} = \pi d^2/4 + bd$
6. 桩身纵向受压钢筋牌号   HRB400
7. 钢筋抗压强度设计值 f_y' 360 N/mm²
8. 桩顶以下5d内螺旋箍筋@100   否   , 不考虑受压钢筋
9. 桩顶轴压承载力设计值 [N]   11804.5 kN $[N] = \psi_c f_c A_{ps}$

七、桩身纵筋选配

1. 纵筋构造面积 A_{sc}' 3649.79 mm² $A_{sc}' = A_{ps}\rho_{sc}$
2. 纵筋间距 s 200 mm
3. 纵筋保护层厚度 c 50 mm
4. 计算根数 n_c 15.00 根 $n_c = [\pi(d-2c) + 2b] / s$
5. 实配根数 n 16 根
6. 计算直径 d_c 17.04 mm $d_c = [4A s / (n\pi)]^{1/2}$
7. 选筋直径 d 18 mm
8. 实配面积 A_s' 4071.50 mm² $A_s' = n\pi d^2 / 4$
9. 实配配筋率 ρ_s 0.518 % $\rho_{sc} = A_s' / A_{ps}$
10. 单桩用钢量   480.37 kg

八、结论

1. 灌注桩类型为挖孔桩，桩身截面为圆形，d = 1000 mm，扩底 D = 1400 mm；桩端持力层为基岩。
2. 按桩径分类为大直径桩，桩进入持力层 3.000 m，桩顶标高 -0.900 m，桩端标高 -12.000 m，桩长 L = 11.100 m。
3. **单桩极限承载力标准值 Q_{uk} = 15329.0 kN，单桩承载力特征值 R_a = 7664.5 kN。**
4. 桩身混凝土强度C35，成桩工艺为干作业非挤土，桩顶轴压力设计值不应超过 [N] = 11804.5 kN。
5. 桩身配置 16Φ18 纵向钢筋，配筋率为 0.518%。

图 5.3-7   人工挖孔桩承载力特征值算例（2）

							表 5.3-7

大直径灌注桩桩身构造配筋

桩径 d	构造配筋率	建议纵筋	构造配筋率	桩径 d	构造配筋率	建议纵筋	构造配筋率
300	0.65%	4ϕ14	0.87%	1200	0.41%	18ϕ20	0.50%
400	0.62%	6ϕ14	0.74%	1300	0.39%	20ϕ20	0.47%
500	0.60%	8ϕ14	0.63%	1400	0.36%	22ϕ18	0.36%
600	0.57%	8ϕ18	0.72%	1500	0.33%	22ϕ20	0.39%
700	0.54%	10ϕ18	0.66%	1600	0.31%	24ϕ20	0.38%
800	0.52%	12ϕ18	0.61%	1700	0.28%	26ϕ18	0.29%
900	0.49%	14ϕ18	0.56%	1800	0.25%	28ϕ18	0.28%
1000	0.46%	16ϕ18	0.52%	1900	0.23%	30ϕ18	0.27%
1100	0.44%	16ϕ20	0.53%	2000	0.20%	30ϕ18	0.24%

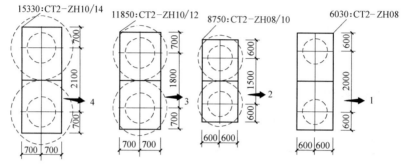

图 5.3-8 桩承台布置大样

注：1. 一般剪力墙下布置两桩承台或三桩承台或异形联合承台，根据墙柱荷载分别用桩承台布置大样 1～4 去完成初步布置，在满足桩间距的前提下，尽量墙下布桩，可以把桩间距变长，并且要移动桩承台的位置，使得桩心线与墙中心线的距离为 50mm 的模数。

2. 距离桩承台布置大样 3，11850 为两桩承台的最大承载力特征值，ZH10/12 表示桩身直径 1000mm，扩底后的直径为 1200mm，桩身外面的圆圈是以桩心为圆心，1/2 桩间距为半径的圆，如果桩身外面的圆圈与桩身外面的圆圈相交两个点，说明桩间距不满足要求。

3. 桩外边缘距离承台边的距离可取 200mm；对于扩底后直径 d 不大于 2m 时，桩间距应满足规范 1.5d 的要求；当不扩底时，人工挖孔桩属于非挤土端承桩，最小桩间距可取 2.5d。

（3）人工挖孔桩布置

一般剪力墙下布置两桩承台或三桩承台，一般剪力墙下轴力是均匀的。电梯井四个角要布置桩，电梯井附近的墙体比较多，可以布置异形联合承台。把墙柱图层刷成探索者中的柱图层，点击：基础承台/标柱形心，根据墙柱荷载分别用桩承台布置大样 1～4 去完成初步布置，如图 5.3-9 所示。

在满足桩间距的前提下，对于两桩承台或多桩承台，地基规范 8.5.3-4 布置桩位时宜使桩基承载力合力点与竖向永久荷载合力作用点重合，在实际设计中，很难满足这条规定，于是设置了承台去平衡偏心产生的弯矩，尽量让剪力墙墙身形心与承台形心重合，并且要移动桩承台的位置，使得桩心线距离墙中心线的距离为 50mm 的模数（向墙身方向移动）；对于 L 形剪力墙，一般布置两桩承台；翼缘长度不大于 900mm 时，一般让承台包住剪力墙；如果翼缘长度大于 900mm，可以在承台之间设置拉梁去抬剪力墙，拉梁按转换梁设计，由于拉梁受拉，面筋应拉通；翼缘长度大于 900mm，如果用三桩承台承载力富余不大且满足桩间距，可以用三桩承台替换两桩承台；布置两桩承台时，可以让桩间距大于最小桩间距。修改后的桩平面布置如图 5.3-10、图 5.3-11 所示。

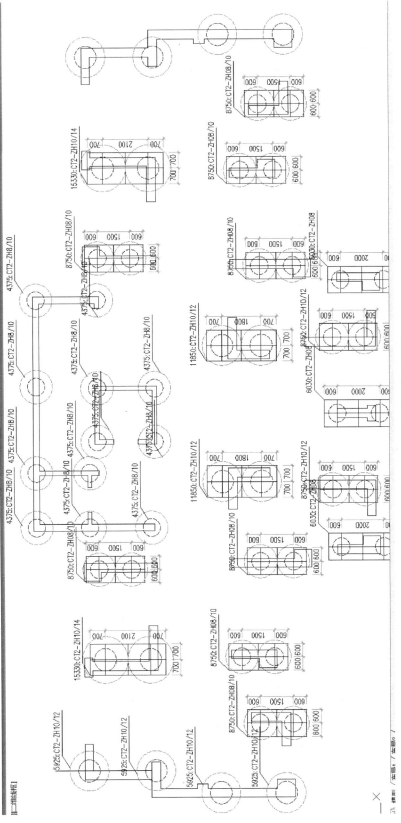

图 5.3-9 桩承台初步布置

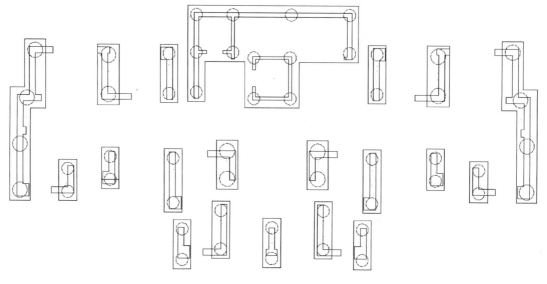

图 5.3-10　桩承台布置（调整后）

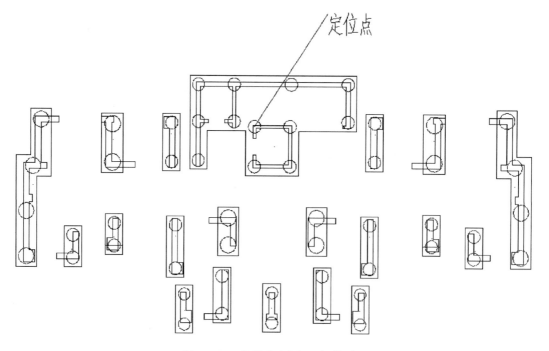

图 5.3-11　桩承台布置 1（调整后）

注：1. 导入盈建科时，应注意承载力不同的桩，应用不同的圆直径导入，比如 ZH08/10 用 850mm 的圆直径，
　　　 ZH10/12 用 1050mm 的圆直径，ZH10/14 用 1100mm 的圆直径。
　　2. 翼缘长度大于 900mm，如果用三桩承台承载力富余不大且满足桩间距，可以用三桩承台替换两桩承台。

4. 软件操作

（1）点击楼层组装，查看柱底、墙底标高，如图 5.3-12 所示。

图 5.3-12　楼层组装

（2）"导入 dwg"/打开，选择在 CAD 中用不同图层画好的桩承台布置图，然后填写相关数据，分别点击"桩""承台"，在导入的 dwg 中分别选择"桩""筏板"，最后点击"插入点"，在导入的 dwg 中选择插入点，点击："确定"，如图 5.3-13～图 5.3-15 所示。

（3）点击：桩/定义桩/修改，根据实际情况修改，如图 5.3-16 所示。

（4）点击：基础计算及结果输出/计算参数，根据"4.1.4 防水板抗浮设计"填写相关参数，程序默认为筏板的基床系数为 0，设计时筏板的基床系数为 0；点击：桩刚度，将人工挖孔桩的抗压刚度改为 100000，抗拔刚度改为 240000（承载力特征值×100×2），弯曲刚度为 0，然后用框选的形式修改人工挖孔桩的刚度；点击添加/按"桩定义修改刚度"分别修改抗压刚度、抗拉刚度和抗弯刚度。

（5）点击：计算选项/计算分析/桩反力/竖向力，选择：标准-目标组合-$Q_{\max}$，可以查看人工挖孔桩的竖向压力标准值，如图 5.3-17 所示。查看桩反力，比较均匀，不必采用两桩承台（一大桩一小桩的形式），不必重新修改桩承台布置图。

（6）点击：地基土/桩承载力验算，如图 5.3-18 所示，桩竖向承载力验算均满足规范要求。

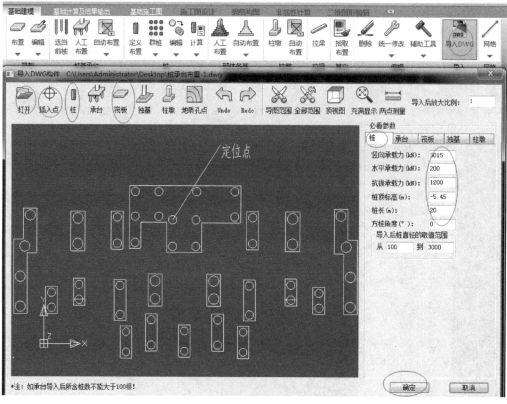

图 5.3-13 导入 dwg（1）

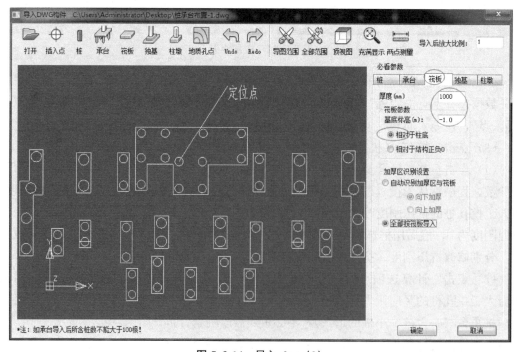

图 5.3-14 导入 dwg（2）

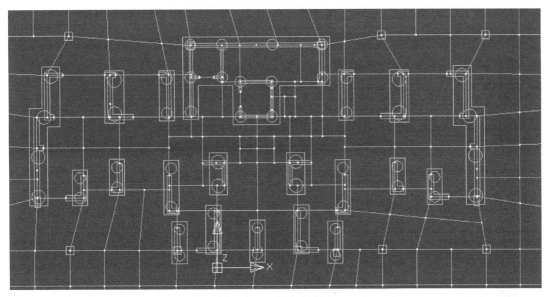

图 5.3-15 导入桩承台

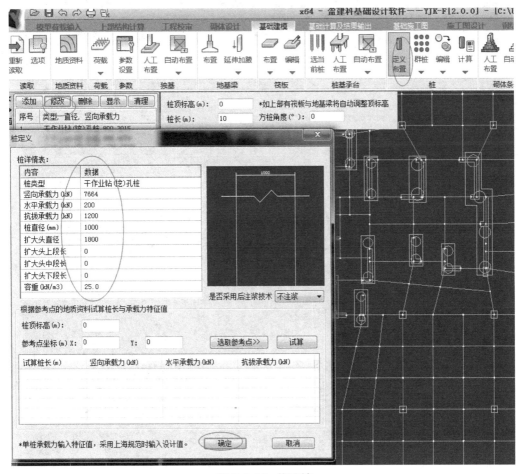

图 5.3-16 修改桩

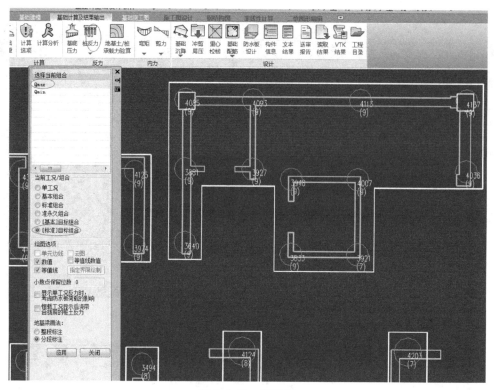

图 5.3-17 桩反力

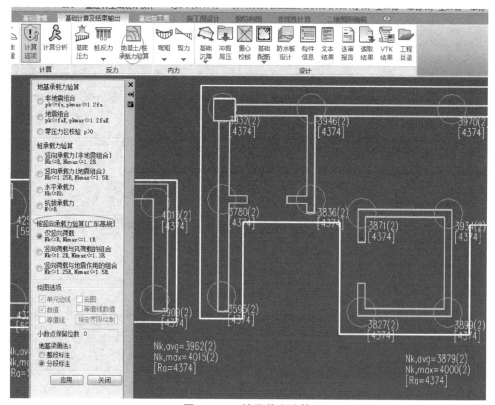

图 5.3-18 桩承载力验算

（7）点击：基础配筋/基本模型，可以查看承台的配筋计算结果，如图 5.3-19 所示。

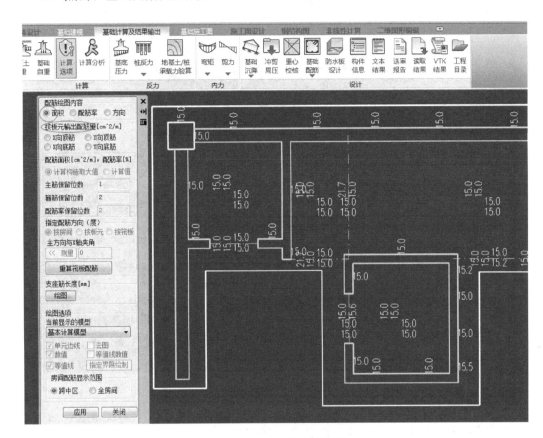

图 5.3-19 承台配筋结果

注：配筋查看方式有两种，配筋绘图内容（面积）或按板元输出配筋量，一般可选择后者。

（8）点击"冲剪局压"，根据工程需要，选择要查看冲切，富余比较大，承台是构造配筋，则可以适当地减小承台的厚度，如图 5.3-20 所示；一般查看的冲切内容，如墙冲切筏板、桩冲切筏板。

5. 塔楼抗浮设计

（1）不设拉梁

① 一层地下室，根据经验，一般底板 400mm 厚，0.2％的构造配筋双层双向能满足设计要求；点击：基础建模/筏板/布置/防水板，用围区的形式布置防水板，如图 5.3-21、图 5.3-22 所示。

② 参考"4.1.4 防水板抗浮设计"，点击：基础设计/基础建模/荷载/荷载组合，填写相关参数；点击：参数设置，填写相关参数。

③ 点击：基础计算及结果输出/计算参数，根据"4.1.4 防水板抗浮设计"填写相关参数。

④ 点击：基础配筋/防水板，可以查看防水板的配筋计算结果；配筋面积查看的方式有两种："面积"及"按板元输出配筋梁"，如图 5.3-23 所示。

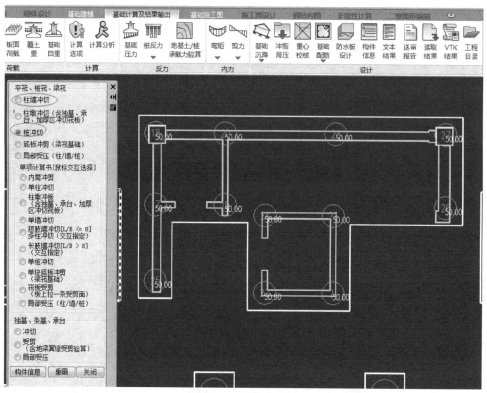

图 5.3-20 冲剪局压

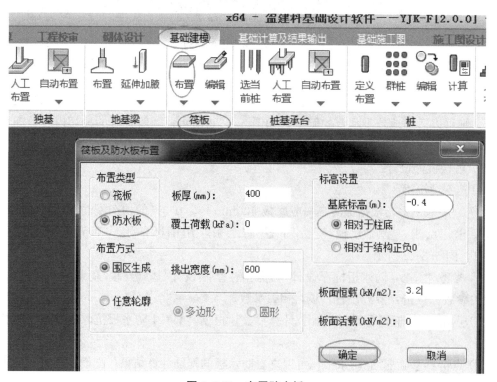

图 5.3-21 布置防水板

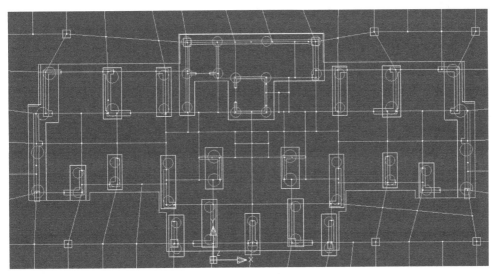

图 5.3-22 布置防水板 (1)

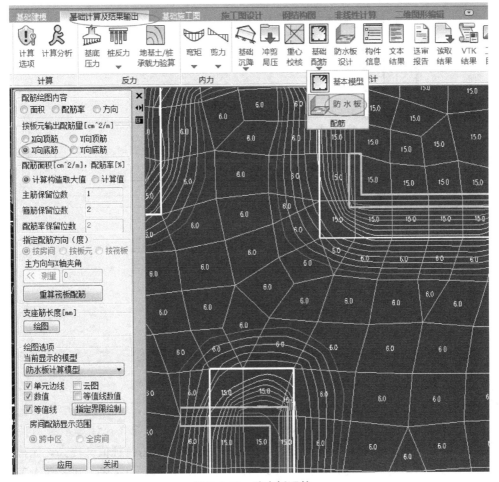

图 5.3-23 防水板配筋

（2）设拉梁

可以多建一个标准层，层高 1m，用大柱子模拟剪力墙承台，考虑梁刚域、承台之间设拉梁，拉梁不小于 250mm×500mm，如果拉梁上有剪力墙，比如 300mm 厚的剪力墙，则拉梁截面尺寸可取 450mm×600mm，并在特殊构件中把其定义为转换梁，考虑其受拉，面筋拉通；其他没有托墙的拉梁截面可以取 250mm×500mm，满足计算要求。由于跨度比较小，底板厚根据经验一层地下室取 300mm，按 0.2% 的最小配筋率双层双向拉通，并局部附加。

6. 承台设计

对于单桩承台，一般可以构造配筋，面筋参考塔楼的防水板面筋拉通；对于两桩承台、三桩承台，一般用小软件或者手算；对于四桩承台或者异形联合承台，可以参考筏板的计算结果配筋，筏板的构造配筋率为单层 0.15%，筏板基础系数填写为 0。

对于单桩承台、两桩承台、三桩承台，在 CAD 中完成平面布置后，可以以"承台"而非"筏板"的方式导入盈建科中分析计算，并点击"构件信息"，用盈建科的配筋结果出计算书。

某工程承台大样如图 5.3-24～图 5.3-26 所示，配筋如表 5.3-8 所示。

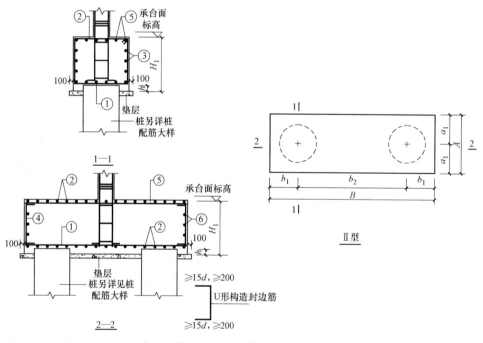

图 5.3-24　两桩承台大样

5.3.7　旋挖桩实例解析

持力层为微风化、中风化岩石时，旋挖桩一般属于嵌岩桩，可以根据地勘报告的要求，按照《桩规》5.3.9 或 5.3.5 计算承载力特征值，或按照 5.3.6 计算承载力特征值（计算结果偏小，偏于保守设计），一般考虑嵌岩作用后的承载力特征值会提高，比按《桩规》5.3.6 及 5.3.5 计算承载力特征值都要大。其详细设计过程可参考"5.3.5 人工挖孔桩实例解析"。

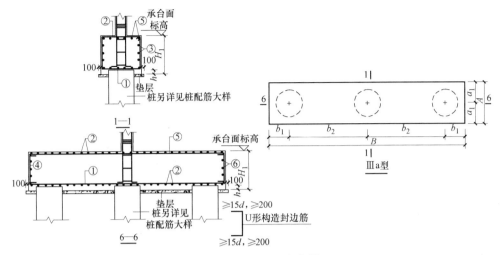

图 5.3-25 一字承台大样

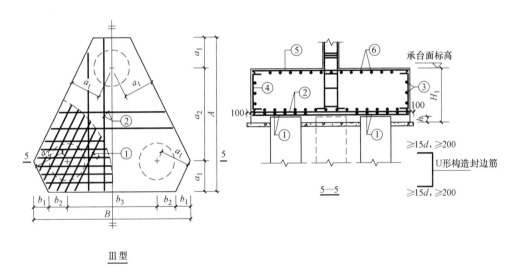

Ⅲ型

图 5.3-26 三桩承台大样

承台配筋   表 5.3-8

承台配筋						备注
①	②	③	④	⑤	⑥	
10Φ20@130	Φ14@200	Φ12@200	Φ14@200	底板面筋拉通	Φ12@200	CT2
11Φ22@130	Φ14@200	Φ12@200	Φ14@200	底板面筋拉通	Φ12@200	CT2a
11Φ20@120	Φ14@200	Φ12@200	Φ14@200	底板面筋拉通	Φ12@200	CT2b
10Φ22@110	Φ14@200	Φ12@200	Φ14@200	底板面筋拉通	底板面筋拉通	CT3
10Φ22@120	Φ14@200	Φ12@200	Φ14@200	底板面筋拉通	底板面筋拉通	CT3a
10Φ20@130	Φ14@200	Φ12@200	Φ14@200	底板面筋拉通	Φ12@200	CT3b

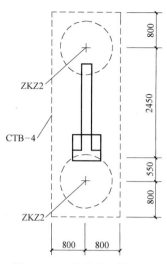

图 5.3-27　桩承台布置（1）

嵌岩桩布置原则及方法：

（1）本工程旋挖桩采用两种桩身直径，分别为 1000mm 及 1200mm，桩 1 直径为 1200，间距为 2.5d = 3000mm（端承桩，非挤土灌注桩），桩 2 直径为 1000，间距为 2.5d = 2500mm（端承桩，非挤土灌注桩）。

（2）对于一片剪力墙下布置两桩承台、三桩承台，可根据荷载及桩承载力特征值选择，并满足与周边剪力墙桩间距 2.5d 的要求。一般让桩承台形心与剪力墙形心对齐，然后局部移动桩承台，让标注的模数为 50mm，如图 5.3-27、图 5.3-28 所示。

（3）两片剪力墙在同一直线时，承台布置如图 5.3-29 所示，旋挖桩边到承台边的距离一般可取 200mm，即桩中心距承台边的距离为 800mm（1200mm 直径的旋挖桩），尽量在墙下布置旋挖桩，并满足桩间距不小于 3000mm，大于 3000mm 时，如取 3200mm，3400mm，3600mm 都是正确的。

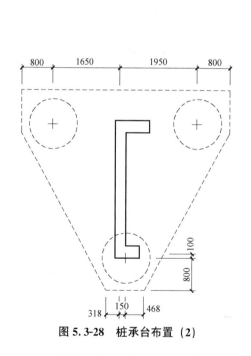

图 5.3-28　桩承台布置（2）

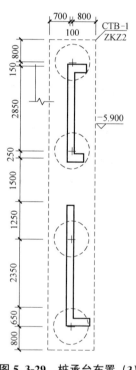

图 5.3-29　桩承台布置（3）

（4）当剪力墙比较密集时，有时候需要布置联合承台，一般先分别在剪力墙下布置承台，让承台互相打架，然后用圆命令以桩 1 的桩间距 3000mm 为半径画圆，再分别移动桩及承台的位置，最后进行裁剪，如图 5.3-30～图 5.3-34 所示。承台厚度可以按 50mm 一层取并不小于 700mm，根据工程经验，一般 33 层的高层，墙下布桩时，承台厚度可取 1000～1200mm，非墙下布桩时，承台厚度可取 1500mm 左右。

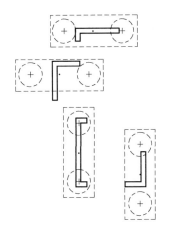

图 5.3-30 桩承台布置（4）

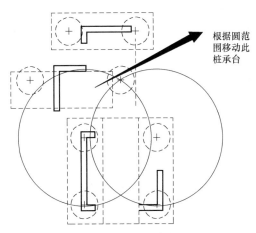

图 5.3-31 桩承台布置（5）

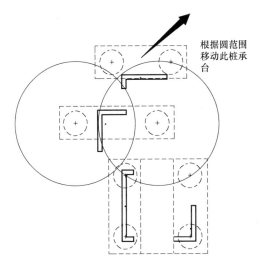

图 5.3-32 桩承台布置（6）

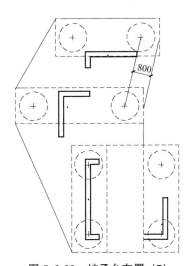

图 5.3-33 桩承台布置（7）

（5）剪力墙住宅核心筒下面往往要布置联合承台，可以根据荷载（盈建科：标准组合：N_{max} 恒＋活），求出旋挖桩的直径，本工程桩 1 直径为 1200mm，间距为 $2.5d = 3000$mm（端承桩，非挤土灌注桩），桩 2 直径为 1000mm，间距为 $2.5d = 2500$mm（端承桩，非挤土灌注桩），联合承台中以桩 2 为主，直径为 1000mm，间距为 $2.5d = 2500$mm，局部布置了桩 1。

可以先在某一个墙角下布置一个直径为 1000mm 的旋挖桩，然后以桩间距 $2.5d$ 或者 $2.5d$ 的倍数，或者大于 $2.5d$ 的桩间距布置其他旋挖桩，总的原则是尽量让墙下或者墙角布置灌注桩，如图 5.3-35～图 5.3-39 所示。

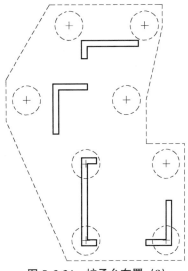

图 5.3-34 桩承台布置（8）

承台厚度可以按 50mm 一层取并不小于 700mm，根据工程经验，一般 33 层的高层，墙下布桩时，承台厚度可取 1000～1200mm，非墙下布桩时，承台厚度可取 1500mm 左右。

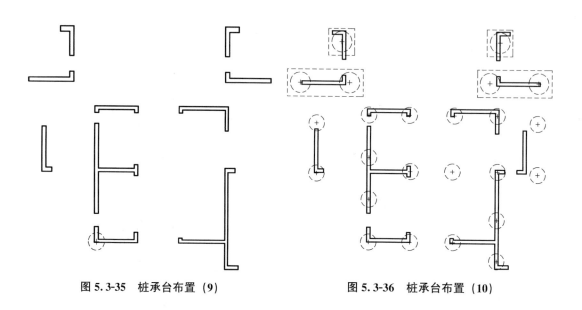

图 5.3-35　桩承台布置（9）　　　　　　图 5.3-36　桩承台布置（10）

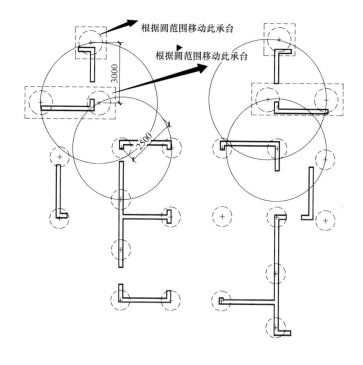

图 5.3-37　桩承台布置（11）

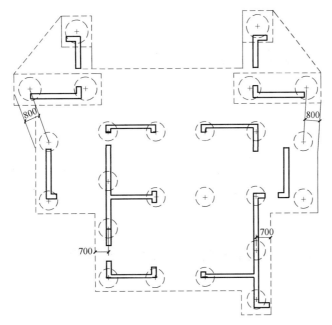

图 5.3-38 桩承台布置（12）

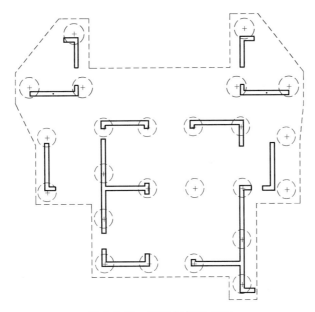

图 5.3-39 桩承台布置（13）

6 装配式混凝土结构设计解析

6.1 概述

装配式结构等同于现浇，其受力分析、计算基本与传统现浇结构一致。进行深化设计时，在保持与传统设计配筋不变的前提下，连接节点有多种形式。利用 YJK 软件进行装配式设计的过程与利用 YJK 软件进行传统设计的过程大同小异：参数设置时根据实际工程勾选装配式选项的内容；点击"叠合板"/定义、布置，如图 6.1-1～图 6.1-3 所示。本章将从"布置原则"、"配筋"及"软件操作"三方面讲述装配式与传统设计的区别。

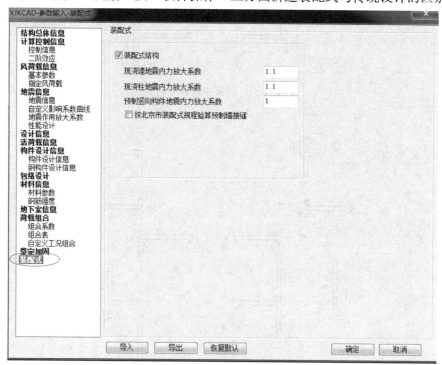

图 6.1-1 装配式参数

注：装配式结构中的现浇部分地震内力放大系数：根据《装配式混凝土结构技术规程》JGJ—2014 的 8.1.1，该系数一般不小于1.1。

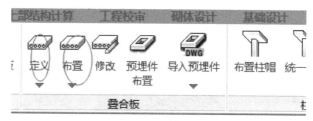

图 6.1-2 叠合板

注：定义叠合板时，先要点击：楼板/修改板厚，定义总板厚：叠合层＋现浇层。

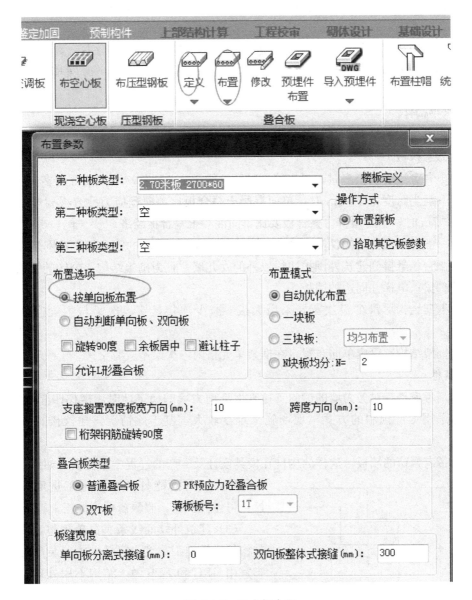

图 6.1-3　叠合板布置

注：1. 一般勾选"按单向板布置"，经过对比，YJK 软件考虑了不同受力的包络计算结果，可以直接根据计算结果配钢筋。

2. 对于剪力墙住宅，预制部位板厚一般为 60mm，现浇部位一般不小于 70m。

6.2　布置原则

6.2.1　竖向构件

（1）建议外墙全部采用预制方案，即外墙采用预制剪力墙和预制非承重墙相结合的方案外墙采用全预制方案集成度高，方便采用外挂架。预制非承重墙四周和主体结构都有连接，因此该非承重墙必然对结构的刚度有影响，目前对该部分的影响大小相关研究很少，设计时可以通过周期折减系数和梁刚度放大系数来适当考虑该墙对结构整体和局部刚度的影响。

（2）剪力墙住宅中，转角墙长度过小或转角窗，外墙不满足墙板拆分要求，转角墙长度不宜小于 700mm。窗间墙长度过小，不满足墙板拆分要求，窗间墙长度不宜小于 1400mm。

6.2.2 水平构件

（1）阳台位置的悬臂梁和封口梁工厂预制、现场施工难度均非常高，建议取消该位置的梁，改做悬挑板。

（2）电井旁边管线较多时，现浇部分厚度一般 60～80mm，以 80mm 居多。

（3）一般当跨度为 3～5m 时，单向混凝土叠合板比单向预应力叠合板要经济，但当跨度为 5～7m 时，单向预应力叠合板要比单向混凝土叠合板经济。

（4）一般以下部位的构件需要现浇：悬挑长度大于 1.5m 的阳台板，特别是带有洗衣房功能的阳台；悬挑到建筑外围护边线以外的女儿墙，且为砌筑结构；公区的楼板；休息平台及楼梯梁；电梯井周边的墙板。

（5）框架结构尽量少设次梁，采用大板、减少连接接头、次梁与主梁连接宜采用铰接。

（6）框架结构次梁应单向布置，在框架单元格内，次梁不应有交叉。

6.2.3 其他

（1）当考虑楼梯对剪力墙的侧向支撑来保证剪力墙的稳定性时，楼梯四周伸出钢筋，如果楼梯采用工厂预制的方式，现场施工难度较大，鉴于此情况，建议楼梯采用现浇处理。

（2）带有飘窗的墙板，这样的构件在模具设计及生产的过程中难度大，如果生产计划做不好，极有可能打乱整个施工进度；一般建议：可做假飘窗，假飘窗可当做正常墙板预制。

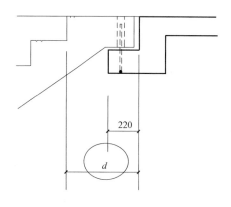

图 6.2-1 楼梯

（3）建筑外立面线条宜简单规整，以减小预制构件模具加工难度，降低成本。装配层墙体线脚宜用 GRC 和 EPS 做，结构不用处理，以减少预制墙生产难度。

（4）外叶墙板厚度不应小于 50mm，且外叶墙板应与内叶墙板可靠连接；夹心墙板的夹层厚度不宜大于 120mm。

（5）楼梯布置时，应注意 TL 与踏步板端头应留一定的距离，如图 6.2-1 所示。

6.3 配筋

（1）预应力叠合梁端部 U 型筋除了满足梁端部计算配筋值外，还应满足《预制预应力混凝土装配整体式框架结构技术规程》JGJ 224 第 5.1.3 条的要求：伸入节点的 U 型钢筋面积，一级抗震等级不应小于梁上部钢筋面积的 0.55 倍，二、三级抗震等级不应小于梁上部钢筋面积的 0.4 倍。在实际设计中，如果框架抗震等级为四级，由于规范没有明确要求，该值可以按 0.25 取。

（2）预制柱建议采用大直径高强钢筋套筒灌浆连接并且将预制柱的纵筋放在角部，为了满足《建筑抗震设计规范》GB 50011—2010 中截面边长大于 400mm 的柱，纵向钢筋间距不宜大于 200mm 的构造要求，在柱边中间附加一根构造钢筋，该钢筋不伸入节点区域，该部分内容已纳入《装配式混凝土建筑技术标准》GB/T 51231—2016。节点构造突破了规范要求框架柱箍筋加密区肢距三级不宜大于 250mm。

（3）预制剪力墙边缘构件是保证剪力墙抗震性能的重要构件，且钢筋较粗，每根钢筋应逐根连接。剪力墙的分布钢筋直径较小且数量多，全部连接将导致施工繁琐且造价较高，连接接头数量太多对剪力墙的抗震性能也有不利影响。因此，可以在预制剪力墙中设置部分较粗的钢筋并在接缝处仅连接这部分钢筋，被连接钢筋的数量应满足剪力墙的配筋率和受力要求，对于墙身，竖向钢筋一般配置 $\phi14@600$。

（4）剪力墙结构中梁无论现浇还是预制，面筋一般一排两根钢筋，最多做两排，方便施工。尽量将柱子截面尺寸设置为一样，从而模具不变，根数相同，直径不相同。剪力墙与连梁也是一样，根数一样，直径不一样，侧模不变。

（5）梁配筋宜适当，尽量单排布置，框架梁下部钢筋可根据受力情况，选择部分锚入柱内。

（6）端部无边缘构件的预制剪力墙，宜在端部配置两根直径不小于 12mm 的竖向构造钢筋；沿该钢筋竖向应配置拉筋，拉筋直径不宜小于 6mm、间距不宜大于 250mm。

（7）开口式箍筋叠合梁穿筋困难，建议改为封闭式箍筋。

6.4 盈建科 YJK 操作

（1）建模计算时，可以采用目前常用的各类设计软件，包括 SATWE、MIDAS、ETABS、YJK 等。采用的各种参数与现浇结构计算基本相同，注意抗震等级的划分高度与现浇结构不同。连梁刚度折减系数、周期折减系数、楼面梁刚度放大系数等与现浇结构相同（通常的接缝和节点分为等同现浇和非等同现浇两种，按 GB 51231 和 JGJ 1 中的节点和接缝已经有了很充分的试验研究，当其构造及承载力满足规范相关要求时，均能够实现等同现浇的要求；因此弹性分析模型均可按照等同于连续现浇的混凝土结构来模拟）。

（2）如果结构平面与立面均规则，高度在适用高度范围内，一般不需要进行弹性时程分析及弹塑性分析。当需要进行弹性时程补充分析时，其分析模型及参数设置可与现浇结构一致。

6.5 设计与施工

装配式建筑需要从设计到施工配合一体化，设计阶段应充分考虑预制构件在现场安装过程中可能遇到的问题和困难，保证工程作业的可实施性，保障建筑结构的质量安全。

（1）叠合板设计采用该节点时，因预制板的搭接钢筋伸出，导致相邻板无法直接吊装就位，如图 6.5-1 所示。

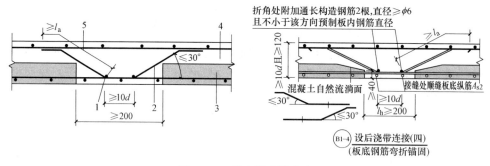

图 6.5-1　叠合板连接节点

（2）设计未考虑楼板与梁箍筋的避让问题，导致现场安装时梁板钢筋打架，如图 6.5-2 所示。

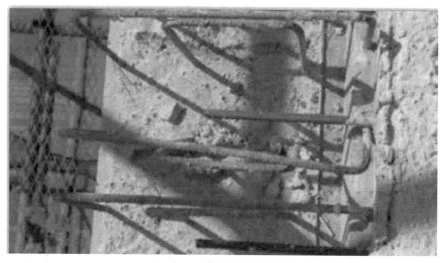

图 6.5-2　楼板与梁箍筋打架

（3）设计仅考虑了底筋碰撞，相邻梁跨梁内箍筋错位，面筋不易贯通，如图 6.5-3 所示。

图 6.5-3　梁梁相接节点

（4）不同叠合梁箍筋做法对施工的影响，如图 6.5-4 所示。

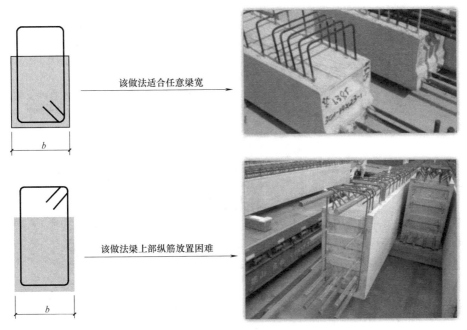

该做法适合任意梁宽

该做法梁上部纵筋放置困难

图 6.5-4 梁箍筋做法

（5）设计不考虑施工，边缘构件预留钢筋发生碰撞，如图 6.5-5 所示。

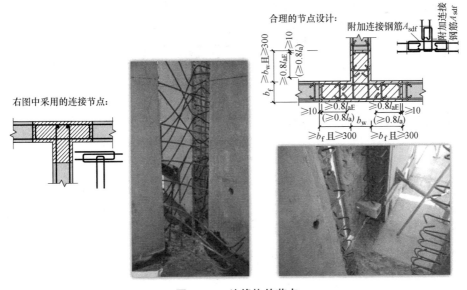

图 6.5-5 边缘构件节点

（6）预制构件预留钢筋间隙控制，如图 6.5-6 所示。

（7）结合墙板现场安装进行设计，现浇边缘构件位置，设计增设竖向构造筋，截断长度较短，便于墙板安装，如图 6.5-7 所示。

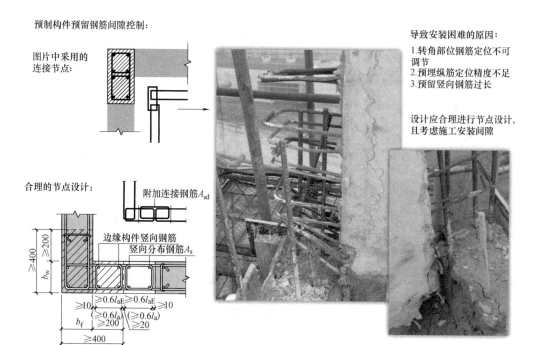

图 6.5-6　边缘构件节点（1）

图 6.5-7　增设竖向构造钢筋

（8）剪力墙现浇部分的竖向钢筋应按相邻钢筋连接节点交错布置的原则施工，如图 6.5-8 所示。

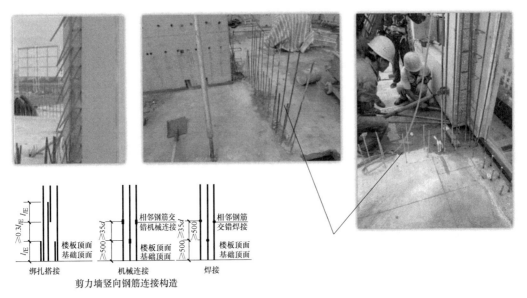

图 6.5-8 剪力墙竖向钢筋连接